USA
美国
科学书架

★ 特殊天气 ★

DANGEROUS WEATHER

最猛烈的风暴

飓风是如何开始的

HURRICANES

〔奥〕迈克尔·阿拉贝／著

刘淑华／译

上海科学技术文献出版社
Shanghai Scientific and Technological Literature Press

图书在版编目（CIP）数据

最猛烈的风暴：飓风是如何开始的 /(英)阿拉贝著; 刘淑华译.
—上海：上海科学技术文献出版社，2014.8
（美国科学书架：特殊天气系列）
书名原文：Hurricanes
ISBN 978-7-5439-6099-2

Ⅰ.①最… Ⅱ.①阿…②刘… Ⅲ.①台风—普及读物 Ⅳ.
① P444-49

中国版本图书馆 CIP 数据核字（2014）第 005608 号

Dangerous Weather: Hurricanes

图字：09-2014-110

总 策 划：梅雪林
项目统筹：张 树
责任编辑：张 树 李 莺
封面设计：一步设计
技术编辑：顾伟平

最猛烈的风暴·飓风是如何开始的
［英］迈克尔·阿拉贝 著 刘淑华 译
出版发行：上海科学技术文献出版社
地　　址：上海市长乐路 746 号
邮政编码：200040
经　　销：全国新华书店
印　　刷：常熟市人民印刷有限公司
开　　本：650×900　1/16
印　　张：17.5
字　　数：194 000
版　　次：2014 年 8 月第 1 版　2016 年 6 月第 2 次印刷
书　　号：ISBN 978-7-5439-6099-2
定　　价：30.00 元
http://www.sstlp.com

目录

何谓飓风

飓风始于海洋，吹向东部，横越大西洋中部。最初它看起来没什么特别之处，只不过是比周围空气气压低的一种低压气团。由于没有形成产生飓风的冷暖锋分界线，所以此时飓风还没有在不同温度和不同气压的两大气团间形成。如果飓风在北部形成（例如，大约北纬50°），就与每年吹向东部、横越大西洋的低压没什么区别。那么，当空气流入低压区时，低压区会不断膨胀，直到气压增加到与周围空气的气压一致为止。如果低压区的气压和周围空气的气压差异很大的话，也许会造成大风，进而引发大雨。低压令人讨厌，但是它们不危险，不会对人们造成伤害。

在热带，科学家经过认真观测，认为低压是飓风灾难的第一征兆。科学家仔细研究由卫星传送过来的形成于大气扰动内部的云的照片，探究低压是如何形成的，同时追踪低压行进的路线。在卫星控制系统范围内行驶的船只和飞机把风、气压和空气温度的测量信息通过无线电发送到气象中心。也许低压会膨胀，那样低压和它所产生的云就不会显示在卫星图像上。

低压没有膨胀，其中心气压在下降。两三天后，气压下降了20毫巴。这样的气压下降范围在中纬度地区是常见的，但在热带地区却不寻常。这时气象学家开始密切注意气压变化。

低压气团开始旋转

随着气压下降，低压环绕其中心开始按逆时针方向旋转，从东面吹来的强风使低压向西移动。空气移动速度与低压区内外的气压差成比例，所以空气被吸引到低压区，气压下降会导致风速加快。

云围绕低压中心凝聚，积聚成巨大的云团。从太空看，它们形成盘旋形状。云团下面，大雨倾泻，形成洪流。当风速超过每小时大约25英里（40公里）时，天气系统被正式划分为热带低压，并且由一个数字，例如TD14来区分。当风速超过每小时大约40英里（64公里）时，天气系统被划分为热带风暴，这时通常要给它命名。

气压继续下降，风速继续增长。当风速超过每小时75英里（121公里）时，热带风暴就转变成飓风。

低压继续向西移动，并继续积聚力量，现在盘旋形状的云直径大约为125英里（202公里）。当低压进入加勒比海并且靠近第一个有人居住的岛屿时，开始向北转移。

倾盆大雨和呼啸狂风

低压的到来造成倾盆大雨和呼啸狂风，树木被连根拔起，像木棍一样被抛向空中；建筑被毁坏，屋顶被掀起，车辆被吹翻，窗户被吹碎；空中飞舞的摧毁物残骸加剧了大风本身所造成的危害。在海洋，巨大的波浪被风掀起，冲向低洼的海岸。以每小时100英里（160多公里）速度行进的风可以掀起15英尺（4.5米）高的波浪，与潮水一起，产生巨大的风暴潮，夹杂着水花和泡沫冲向内陆。

到此时，飓风已经达到高潮。正如图1所示，其右侧风比左侧风强烈得多，这是因为飓风本身是一个按逆时针方向旋转的低压气团，在其中心右侧，飓风自身旋转的速度加剧了风速；在其左侧，风朝飓风移动的相反方向吹，所以风速减慢。

飓风转向北部，朝美国海岸行进，对沿途岛屿造成破坏。1999

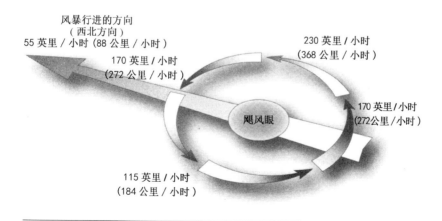

风暴行进的方向
（西北方向）
55 英里 / 小时（88 公里 / 小时）

170 英里 / 小时
(272 公里 / 小时)

230 英里 / 小时
（368 公里 / 小时）

飓风眼

170 英里 / 小时
（272 公里 / 小时）

115 英里 / 小时
（184 公里 / 小时）

图1　飓风四周的风速
飓风向前行进时，一侧的风速比另一侧风速快。

3

年9月，"弗洛伊德"飓风以每小时155英里（250公里）的速度袭击了巴哈马群岛，然后，沿着美国海岸北移，到达美国纽约州和新泽西州，造成至少57人死亡。在佛罗里达州、佐治亚州和卡罗来纳州，230万居民被迫离开家园，其财产损失估计达30亿到60多亿美元。1990年发生在美国得克萨斯州的加尔维斯顿的飓风曾造成8 000人死亡。现在，由于预先充分准备和事发时急救措施高效，飓风不再像从前那样致命。

然而，飓风一旦移到内陆，其势力注定要减弱。因为飓风需要水来维持，远离了海洋就断绝了水。尽管它还可以保持足够的力量，对北部的宾夕法尼亚州造成很大的破坏，但是它会慢慢地减弱，直至最终消失。

当然，飓风不释放射线，但它具有相当于100万吨级氢弹的能量，破坏力极大。可以说，它是大气能够产生的最大、最猛烈的风暴。

一

为什么飓风发生于热带

飓风"米切"袭击时,发生了什么

现在,国家气象局已能够提前发出飓风警告,让人们有充足的时间做好准备。人们在风暴来临之前,锁住门闩,闭紧窗户,躲避起来或撤离当地。这就是现在飓风与100年前相比伤亡人数不多的原因。但是也有例外,巨大的风暴来得突然和迅猛,以至于人们来不及逃避。1998年发生的飓风"米切"就是这罕见的案例中的一个。

1998年发生的飓风"米切"是自1780年10月大飓风以来,加勒比海所遭受的最致命的风暴。这次飓风使通信系统受到极大破坏,以至于一个星期后外界才收到关于这一地区遭受的破坏程度的消息。

飓风"米切"是从10月8日开始的,它是由穿越西非南部气流的叫做热带波的大气扰动引起的。

热带波越过非洲海岸，穿越大西洋，这时从西南吹来的高强度西风阻止热带波向前行进。它在10月18日穿过加勒比海东部，到10月20日卫星图像显示，有规则的云图正在形成。

10月21日，热带低压在加勒比海南部形成，第二天低压加剧。当低压周围的风速超过每小时25英里（40公里）时，低压重新被划分为热带风暴，这个热带风暴被命名为"米切"。位于赤道上空的美国GOES-8卫星把拍摄到的云图照片发送给地面风暴观测人员，照片上的云图清楚表明热带风暴已经形成。

热带风暴"米切"力量很大，它以每小时45英里（72公里）的速度行进，按蒲福风级别划分，它有八级，并且风速在不断增加。中心气压已经降到29.5英寸汞柱（1 000毫巴），这比平均海平面气压29.9英寸汞柱（1 013.25毫巴）略低一点。那时，热带风暴"米切"大约在牙买加西部以南地区和尼加拉瓜中部以东地区的加勒比海上行进。

10月23日，热带风暴"米切"略微向东北方向移动，远离中美洲大陆，并且继续加强，其中心气压降到29.4英寸汞柱（997毫巴）。虽然气压只是稍微下降，但是它可以使气压周围的风速增加到每小时60英里（96公里）。10月24日早晨，中心气压降到29.2英寸汞柱（990毫巴），这时风速已经达到每小时90英里（145公里）。而当风速达到或超过每小时75英里（121公里）时，热带风暴就被划分为飓风。此时热带风暴"米切"成了飓风"米切"。在这一时刻，飓风"米切"已经向北行进，像要径直吹向牙买加，但是却转向西北部，然后又转向西部，这期间风速一直在增加。10月25日，风速增加到每小时150英里（241公里），气压降到27.3英寸汞

2

柱（924 毫巴）。

10月26日，当飓风"米切"的风速超过每小时155英里（249公里），中心气压降到26.75英寸汞柱（906毫巴）时，按萨菲尔/辛普森飓风级别划分，飓风"米切"已经达到5级。这是风级最高的飓风，飓风"米切"持续33小时保持在这一级别，其中，风速持续15小时达到每小时180英里（290公里）。

但是傍晚时候，飓风"米切"变得更加凶猛，气压也略微下降，降至26.72英寸汞柱（905毫巴），风速达到每小时180英里（290公里），并以这样的风速持续着。但是飓风"米切"也跟所有的风暴一样，持续劲吹，变得更强烈，历史上那些风暴的风速曾超过每小时200英里（320公里）。

历史上持续时间长、风级级别高的飓风是：1979年发生的飓风"大卫"，36小时内一直保持5级大风；1950年发生的飓风"狗"和1969年发生的飓风"卡米尔"，18小时内风速一直保持在每小时180英里（290公里）。但是，很可能由于监控方面的原因，观测人员过高估计这些早期飓风的风速。无论如何，飓风"米切"还没有达到其最大强度。

10月27日晚上约9点钟，当飓风"米切"达到最大强度时，它行进到北纬17.4°，大约位于洪都拉斯东北海岸的特鲁希略60英里（96公里）处。它向西行进，然后转向位于西经83°—84°的西南方向，图2显示出飓风"米切"这一行进路线。在这一海面上，巨大的波浪可能会达到44英尺（13米）高。飓风"米切"继续向海岸行进。

到10月28日傍晚，风速略有减缓，降到每小时155英里（185

3

公里）。到10月29日早晨，风速达到每小时105英里（169公里），并且仍然在减速。到10月29日晚上，风速降到每小时75英里（121公里）以下，其中心气压上升到29.2英寸汞柱（990毫巴），飓风"米切"又一次被划分为热带风暴"米切"。10月30日早晨，当"米切"越过大约位于洪都拉斯的拉塞巴以东70英里（113公里）处海岸时，它似乎已耗尽所有力量，势力渐渐减弱。

图2 飓风"米切"的行进路径
1998年10月至11月。

雨水和泥浆

在飓风"米切"越过海岸的最后几天,行进速度缓慢。流向低压的空气逐渐充满低压区,随着中心气压的上升,风势渐渐减弱。然而,对流仍然存在(参见补充信息栏:对流)。

对流产生和维持塔形雷雨云。没有对流,雷雨云就不能存在。雷雨云会引发暴雨。在卫星图像上可以清晰地看见引起飓风的雷雨云。据估计,飓风"米切"在中美洲降雨总量达75英寸(1 900毫米),一些地区降水量有时平均每天达12—24英寸(305—610毫米)。

补充信息栏:对流

当流体(气体或液体)受热时,其分子相互碰撞,向远处快速移动,因此,流体体积膨胀。就一定量的流体而言,膨胀后的单位体积分子量少于膨胀前的单位体积分子量。因为相同量的流体在体积膨胀后,必然占据更多的空间。

由于膨胀后的流体单位体积分子量少于膨胀前的流体单位体积分子量,所以膨胀后的流体没有膨胀前的流体密度大。这种情况下,重力起主导作用。

如果体积相同,密度大的流体会比密度小的流体重。假设把密度大的流体和密度小的流体并列放在一起,你会发现密度大的流体下降,推动密度小的流体上升并取代密度小的流体。这种现象绝不是密度小的流体在自动上升,因为只有在反重力的作用下,流体才会自动上升。

　　假设经常接触地面和海面的大气跟流体一样是从下面受热,那么,接触地面和海面的空气就会变暖,所以导致体积膨胀,变得不密集。密度大的冷空气下降,取代密度小的暖空气,这样暖空气就会上升。

　　随着暖空气的上升,暖空气越来越远离受热源,渐渐变凉。当空气变凉后,空气密度又变大。同时,下降的冷空气由于与受热源接触,又会变暖,所以体积又开始膨胀。这样,密度大的空气下降,取代密度小的空气,循环往复形成对流。

　　把热量从一个地方转移到另一个地方的过程有三种,对

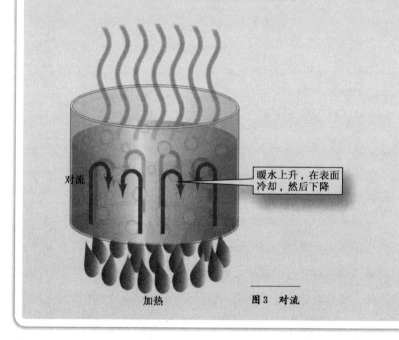

对流

暖水上升,在表面
冷却,然后下降

加热　　　　　图3　对流

流是其中一种（其他两种是辐射和传导）。对流一旦形成，就会使流体进行垂直循环，形成对流圈。上面的图示表明了对流的形成。

温暖的热带海洋上的空气受热后，通过对流上升。有了对流，飓风才能够存在，所以对流对飓风的形成起着关键作用。

当飓风"米切"靠近洪都拉斯时，受灾的第一个地点是著名的瓜纳贾度假岛。瓜纳贾度假岛全长18公里，宽6公里，距离海岸线约64公里。这里通常风平浪静，是游客乘帆船和潜水的佳地。在这次飓风中，瓜纳贾度假岛遭受大面积袭击，损失惨重，曾一度与外界失去联系。

随后，飓风"米切"抵达洪都拉斯大陆，受袭地区距离尼加拉瓜边界很近。洪都拉斯是一个多山的国家，当飓风"米切"进入洪都拉斯内陆时，由于要翻越高山，所以被迫上升，在空中形成更多的水汽，这样空气变得更加不稳定。

飓风"米切"穿过洪都拉斯，然后向危地马拉、伯利兹和萨尔瓦多袭击。到11月2日，风暴已经减弱，程度接近热带低压。这时飓风"米切"继续向西北行进，越过墨西哥境内的尤卡坦半岛，直达墨西哥坎佩切湾的温暖水域。

在这儿风暴的强度又一次增加，飓风"米切"又一次被划分为热带风暴。它改变了行进路线，向东北方向行进，越过尤卡坦半岛西侧,回到墨西哥湾。现在,飓风径直吹向美国佛罗里达州。

11月4日,飓风"米切"以每小时26英里(42公里)的速度到达佛罗里达州南部的基韦斯特岛,途中风途曾数次达到每小时80英里(130公里)。在当天及第二天,飓风"米切"在佛罗里达州南部降下6—8英寸(150—200毫米)的雨,同时也造成两三次龙卷风。其中一次席卷了从马拉松到基拉戈地区,造成至少7人受伤。另一次龙卷风对美国迈阿密北部的米拉马造成破坏,大约10万人所使用的电能设施遭受破坏;在门罗县,钓鱼的渔船倾覆,造成2人死亡。这几次龙卷风总计造成65人受伤,645座房屋受损。在美国,飓风"米切"造成的财产损失估计达4 000万美元。

11月5日飓风"米切"离开佛罗里达州,转向巴哈马。到那时,它的势力已经减弱,变成温带风暴。飓风离开了热带,最后消失。

补充信息栏:温度直减率和稳定性

随着高度的增加,空气温度递减,这种现象称作温度直减率。当干燥空气绝热冷却时,高度每增加1 000英尺,温度下降5.5 ℉(高度每增加1 000米,温度下降10℃),这叫做干绝热直减率。

随着海拔升高,空气温度下降到一定程度时,其水汽开始凝结成水滴,这种温度叫做露点温度。而此时达到的高度叫做抬升凝结高度。凝结时会释放潜热,这样空气会变暖。因此在这之后空气就会以较慢的速度冷却,这叫做湿绝热直减率。湿绝热直减率会有所变化，但平均来说每上升1 000英尺（1公里），温度下降3 ℉（6℃）。

气温随着高度的增加而递减的实际比率，是通过比较空气表面的温度，即对流层顶的温度（中纬度约−67 ℉，即−55℃）和对流层顶的高度（中纬度约7英里，即11公里）而进行计算的。计算的结果叫做环境直减率。

如果环境直减率低于干绝热直减率和湿绝热直减率，上

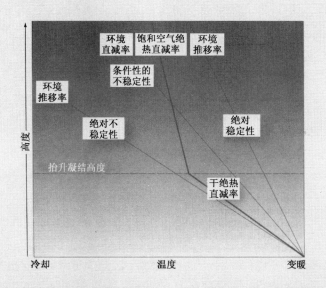

图4　温度直减率和稳定性
如果环境直减率低于干绝热直减率和湿绝热直减率，空气就具有绝对稳定性。如果环境直减率高于湿绝热直减率，空气就具有绝对不稳定性。如果环境直减率低于湿绝热直减率但高于干绝热直减率，空气就具有条件性的不稳定性。

升的空气就会比周围的空气冷却得快。由于上升的空气比较冷，易下降到低处，因此，这种空气具有绝对稳定性。

如果环境直减率高于湿绝热直减率，那么按照干绝热直减率和湿绝热直减率衡量，正在上升和冷却的空气会比周围的空气暖，因此空气会继续上升，这种空气具有绝对不稳定性。

如果环境直减率高于干绝热直减率，但是低于湿绝热直减率，尽管上升的空气干燥，但它会比周围的空气冷却得快。但是一旦它升到抬升凝结高度之上，就会比周围的空气冷却得慢。最初空气是稳定的，但是一升到抬升凝结高度之上，就变得不稳定了。这种空气具有条件性的不稳定性。如果空气没有达到抬升凝结高度之上的不稳定条件，它就具有稳定性。

洪都拉斯

在飓风"米切"所袭击的所有国家中，洪都拉斯受灾最重。在飓风最强烈的时候，每小时达到并超过4英寸（102毫米）的降水。洪都拉斯的乔卢特卡仅一天内降雨量达18.37英寸（467毫米），从10月25日到10月31日接连几天的暴风雨，降水量达35.89英寸（912毫米），这是"米切"造成的最大的降水。但是洪都拉斯的拉塞巴雨水也不小，仅一天内降雨量达11.19英寸（284毫米），经连续几天暴风雨，降水量总计达34.52英寸（877毫米）。

飓风"米切"造成的破坏震撼了全国，以至于洪都拉斯总统卡洛斯·弗洛雷斯向国际社会发出紧急呼吁："我们要重新站起来……愿上帝赋予我们力量，给我们指点迷津。我们呼吁国际社会、世界各国、国际金融组织和国际救援组织能够伸出援助之手。这次灾难可以说检验了我们承受痛苦的能力。"

据官方统计，飓风"米切"造成洪都拉斯5 657人死亡、8 052人失踪及下落不明、11 726人受伤、40多万人因房屋受损而居住在临时帐篷，25个村庄被冲垮，总计受灾人数达190万。飓风过后一个多星期，仍然陆续发现逃生的幸存者。

全国多数二级公路被摧毁，90多座桥梁倒塌，交通严重受损，所以只得靠直升机运送生活必需品。在首都特古西加尔巴，一些具有350多年历史的古老建筑被洪水冲倒，城市1/3的建筑被破坏。许多房屋倒塌，即便没有倒塌的房屋，由于受损严重，建筑结构已不稳固，面临倒塌的危险。据统计，全国至少有7万座房屋倒塌或受破坏。

在农村，至少有70%的庄稼被摧毁，包括80%的香蕉作物。咖啡仓和储存设备被洪水冲袭，受损的农作物价值估计达9亿美元。洪都拉斯全国总体损失估计达50亿美元。

尼加拉瓜

10月29日和10月30日，飓风"米切"引发的大雨席卷尼加拉瓜西部。这两天几十厘米的雨水冲击着这片土地。马拉卡托亚河水位升高了50多英尺（15米多），淹没并冲毁了公路。

10月30日，休眠火山卡西特火山熔岩喷发，火山口岩石崩塌，造成大片泥石流。泥石流向西南方向流动，覆盖了10英里（16公里）长、5英里（8公里）宽的土地。位于卡西特山和波索泰格城之间的村庄至少有4个被埋葬在淤泥中。此次泥石流造成2 000多人死亡。但也有一些幸存者被困在淤泥中长达两三天，救援人员无法上前救助。这样，他们只有期盼淤泥尽快风干，尽早逃离危险。

灾难改变了原来的地貌。河道变宽，毗连的河流融会在一起。新湖突然出现，小山悄然消失。

全国死亡人数约达3 800人，下落不明者达7 000人，50多万人口失去家园。农作物也损失惨重。总体经济损失估计达到大约11亿美元。

萨尔瓦多

萨尔瓦多西部比其他地区损失更惨重。飓风"米切"吸取太平洋水汽，造成这一地区降下暴雨。

飓风过后一个多星期，萨尔瓦多国家紧急事务委员会估计有239人死亡，135人下落不明。红十字会估计有400人死亡，600人下落不明。真实死亡人数无从知晓，但估计受灾人数总计达5.6万人，大约1万座房屋被摧毁，许多房屋受破坏。

危地马拉

飓风"米切"在11月1日抵达危地马拉，并向西北行进。官方提前帮助近6 000人撤离风暴途经地点。11月4日，红十字会估计仍然有2.7万人居住在临时帐篷。因为洪水冲毁并严重破坏了大约1.9万座房屋、32座桥梁和40条公路。

飓风"米切"也摧毁了全国95%的香蕉作物、50%—60%的其他农作物和接近1/3的牲畜。官方估计有258人死亡、12人下落不明。

伯利兹

官方知道飓风"米切"即将到来，因此从伯利兹城和近海岛屿上撤离了7.5万人。他们居住在首都贝尔莫潘的临时帐篷内。

洪水对房屋和农作物造成大面积破坏，但是由于及时撤离，挽救了许多人的生命。飓风"米切"造成11人死亡或下落不明。

哥斯达黎加

尽管哥斯达黎加与飓风"米切"南进的行进路线距离较远，然而大雨造成了太平洋沿岸洪水暴发，许多人被迫撤离，总计7人死亡。

墨西哥

在飓风"米切"到来之前，墨西哥已做好了充分准备。在可能受灾的地区制订了撤离计划，墨西哥红十字会在尤卡坦半岛驻扎了紧急事故救助队。总计9人死亡，其中5人在事故发生时，正开车行驶在墨西哥西南部靠近危地马拉边界的塔帕丘拉附近，汽车被从公路上冲走。

灾后重建

飓风"米切"破坏程度如此之大、灾难范围如此之广，以至受灾最严重的国家灾后重建需要几年的时间。联合国、美国国际开发署和许多非政府组织对受灾国家积极救助。美国前总统乔治·布什和吉米·卡特参观了受灾地区后,鼓励当地居民携手重建家园。美国捐赠8 000万美元救助资金,并按比例缩减洪都拉斯和尼加拉瓜所欠的国际债务;西班牙捐赠1.05亿美元;瑞典表示3年内要捐赠1—3亿美元。人道组织用飞机运来了大量食品、急救物资和生活用品。

飓风灾难后,人们面对满目疮痍的城市和痛失亲人的悲哀感慨万分。飓风"米切"显示了大气巨大的破坏力,也反映了城镇、公路、桥梁和庄稼无法抗拒自然的脆弱。灾难令人恐惧,然而随着时间的流逝,一切创伤都会渐渐抚平。灾难使人们更加团结,悲痛过后,这股团结的凝聚力也会牢不可破。

飓风发生的地点

飓风最初是热带低压,它发生在气压略低于周围空气气压的低压区,严格地说飓风是一种热带现象。尽管来自热带的飓风也许会到达美国明尼苏达州或欧洲地区,但是飓风不可能在这些地区形成,因为飓风的存在离不开提供其能量的热带。离开了热带,飓风的势力就会大大减弱(按气象学来说,就不再被划分为飓风,因为此时飓风的一些基本特征已经发生变化)。

飓风在热带形成,因为只有热带才具备飓风产生的必要条件。图5显示出飓风形成的地点以及从发源地开始向前行进的方向。

在西半球称之为飓风的天气现象,在世界其他地区有不同的名称,但是现在人们最常用的还是飓风。然而,如果飓风是在印度

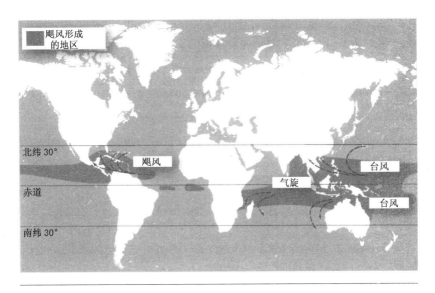

图5 飓风易发区
地图显示了飓风发生的地区和行进的方向。

洋的孟加拉湾形成，传统上称之为气旋（这也是中纬度地区表示低气压的一个气象学专用名词），在太平洋多数地区称之为台风，而在印度尼西亚和菲律宾附近称之为碧瑶风。碧瑶是菲律宾吕宋岛的一个城镇名，那里经常发生袭击岛屿的灾难性恶劣天气，故碧瑶风因此而得名。如果飓风发生在澳大利亚附近，则称之为台风，但是也有一些人称之为畏来风。畏来风描述了沙尘暴或沙漠旋风现象，但是气象学家不再使用这一种名称。尽管名称不同，但是这些名称都指同一现象。北太平洋东南部的飓风产生吹向墨西哥西岸的南风，被称为可尔多那左德旧金山风或弗朗西斯大风。这么称呼是因为这些大风很可能在10月4日左右发生，正值庆祝圣·弗朗西斯节日。尽管气象学家大多时候称它为飓风，但有时也称它为热带气旋。"飓风（hurricane）"这个词来源于西班牙语huracan，huracan来源于主宰风暴天气的加勒比海神Hurakan这一名称。台风（typhoon）有两个词源，一个是希腊语typhon，意思是旋风；另一个是中国粤语"台风"，意思是大风。

气旋是低压区，与其相反的反气旋是高压区。正如名称所显示的那样，热带气旋形成于热带，它在热带比在高纬度地区更强烈，但是同一个热带的气旋程度比较相似。

热带气旋是如何开始的

热带气旋的形成首先必须有相当面积的气压下降，气压差不必太大，两天内气压只要降低0.15毫米汞柱或每平方英寸0.3磅力（20毫巴）就足以产生相当低的低压区。通常热带大面积地区的气压稳定，变化不大，所以气压降低这一现象在热带不常见，但是在温带却很常见。在某种情况下，气压略微下降就足以引起比较持续的热带低压的形成，这种热带低压就会造成飓风（热带气旋）。

很多因素可以导致气压略微下降。低压不断形成，大部分低气压向东行进，在中纬度地区逐渐膨胀。而少量低压空气有时会离开中纬度气象系统，形成向赤道扩展的低压槽，向热带飘移。

补充信息栏：热带汇流区和赤道低压槽

从南北半球吹来的信风吹向赤道，气流相对而行，在赤道附近相遇，汇流在一起，信风的汇合是热带汇流，热带汇流发生的地区叫做热带汇流区。因为热带汇流区会在来自南北半球的空气间形成分界线，所以有时热带汇流区也叫热带锋面。然而与极地和热带空气间的中纬度地区锋面相比，严格地说它还不是锋面。

平均来说热带汇流区在海洋上比在大陆上形成得快。信风的汇流因风力不同，汇流过程中形成大气扰动，然后向西行进。热带汇流区很少发生在赤道无风带（参见"洋流和海洋表面温度"中的"信风和赤道无风带"）。

热带汇流区的位置一年当中都在变化。卫星图像上显示的云团带可清楚地反映热带汇流区的位置。图6显示的是热带汇流区在2月份和8月份的大致位置，可以看出热带汇流区在赤道北部比赤道南部发生的频率高，并且很少正好发生在赤道上。

然而，热带汇流区会正好发生在表面温度最高的热赤道。海平面气温的任何变化都可能造成热带汇流区位置的改变。

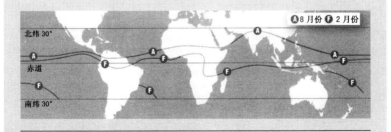

图6　热带汇流区
地图显示了2月份和8月份热带汇流区和赤道低压槽的大致位置。

海平面温度达到最高,也会快速产生对流,同时形成对流云和大雨。

　　汇流和对流都会造成空气上升,这样就减轻了海平面的气压,并在上空产生高压区,图7显示了这一变化过程。地面低气压被称作赤道低压槽,低压槽与热带汇流区的位置不一样,它与距离赤道最远的热带汇流区有一小段距离。

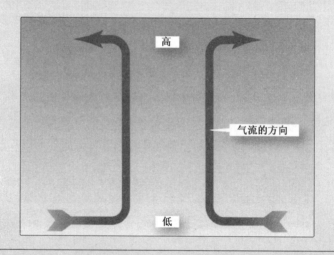

图7　汇流
空气汇流到一起,然后上升,造成海洋表面低气压和对流层上方高气压。

适宜的温度和科里奥利效应

　　较低的低压在任何地区都能形成,但是只有当低压越过大范围的表面温度至少是76℉(24℃)的温暖海洋时,低压才会转变成飓风。飓风很可能在温度大约为80°F（27℃）的海洋表面形成。如果温度低于这一点，对流就不够强烈，不足以产生引起飓风的风暴，因此飓风的诞生地就限制在热带。而高于20°纬度地区的海洋表面温度通常太低，也就很难形成飓风。

赤道附近的海洋温暖到一定程度就可以引发飓风，但是飓风从不在纬度低于5°的地区形成，因为靠近赤道移动的空气呈平滑曲线行进，事实上几乎是呈直线行进，不会产生大气循环，这时就需要科里奥利效应起作用，使移向低压区的空气进入循环轨道。赤道地区没有科里奥利效应（参见补充信息栏：科里奥利效应），在赤道南北纬度5°之内都不会引起必要的气体旋转。

涡旋会使移动的空气旋转进入曲线轨道，最终使它开始旋转。随后，当空气汇合在一起，引起空气半径缩小时，角动量守恒（参见补充信息栏：角动量守恒）会加速空气运动。然而，如果没有科里奥利效应起作用，就不会产生导致飓风的风力。如果单单靠涡旋在赤道南北纬5°之内形成飓风，空气需要聚集在没有充足空气的大片低压区上。甚至在南北纬5°地区，半径为300多英里（480公里）的空气需要缩小到大约20英里（32公里），就会产生每小时100英里（160公里）的风速。与此相对照，在南北纬20°地区，空气的半径需要从大约90英里（145公里）缩小到20英里（32公里），就会产生每小时100英里（160公里）的风速。值得一提的是，对这些地区的计算没有考虑摩擦力。摩擦力会降低角动量和风速增长比率，如果考虑摩擦力的话，这些地区的风速一定会增加。

总体来说，较高的海平面温度和足够强的科里奥利效应把飓风形成的地区限制在南北半球5°—20°纬度之间的海洋地带，同时也限定了一年中发生飓风的时间。冬天过后，即便是热带海洋也需要一定的时间变暖，通常只有在夏末和秋天海水才会变得足够温暖，当然飓风偶尔也发生在其他季节。

飓风在西部发生

有一些热带气旋在北太平洋东部形成，但是大多数气旋只有在热带低压移到海洋西侧的时候才会产生。这是由于科里奥利效应间接地在起作用。

在热带海面上，空气在哈得莱环流圈（参见补充信息栏：乔治·哈得莱和哈得莱环流圈）内垂直移动，当高处的空气离开赤道的时候，科里奥利效应使空气旋转到北半球的右侧和南半球的左侧。在南北两个半球内，这是向东旋转，这样哈得莱环流东侧的高空空气层比西侧的距离赤道更远。在热带上空时，高空空气会下降，绝热变暖（参见补充信息栏：绝热冷却和绝热升温）。这限制了通过对流从海洋表面升起的暖空气的向上移动，因为上升的空气会遇到比它密度小的空气层，这样就不会再向上升。暖空气层位于比它冷的空气之上叫做逆温，从下面上升的空气通常不能穿透它，这叫做信风逆温。有时对流力量很大，足可以穿透信风逆温，但是这在哈得莱环流圈西侧比东侧更容易实现，主要集中在海洋西岸气旋形成的地区。只有在那里，上升的空气才会凝聚在足够的高度，为风暴的形成提供必要的条件。

低压可以在陆地或海洋、干燥或潮湿的空气中形成，然而要使低压转变为飓风，热带低压必须凝聚足够的水汽，为飓风的产生提供潮湿的空气层。空气层必须足够密集，为低压提供所需的凝结潜热，以便保持空气不稳定性（参见补充信息栏：温度直减率和稳定性）。热带低压能够获得其所需要的水的唯一办法是在温暖的海洋上空行进很长一段路程。如果低压在大陆上空行进，就不会获得水汽，也就不能形成飓风。许多热带低压由于到了陆地而结束了其旅途。那些确实转变成飓风的低压已经越过海洋，因为由于受到强行东风的驱使，热带气象系统会从东向西行进，这是飓风始于海洋西侧的另一个原因。

赤道低压槽和急流

赤道低压槽的位置很少正好位于赤道，它随着季节的变化向北向南移动，飓风只能在赤道低压槽大约60英里（96公里）范围内才能形成。在南大西洋，低压槽从不会向南移动5°，这样低压槽离赤道太近，科里奥利效应不能对正在移动的空气施加足够的影响，所以飓风从不在南大西洋形成。

赤道低压槽的移动随季节的变化，急流（参见补充信息栏：急流）的移动也如此。在冬天急流远离南部，越过美国佛罗里达州北部，但是在夏天向北移动。图8显示了1月份和7月份急流的大致位置。事实上有两股急流，一个是亚热带急流，另一个是极地急流。但是亚热带急流比较常见，所以当谈到急流的时候，通常指亚热带急流，图8上有所显示。

急流的位置很重要。如果空气不受阻力，就不能向上旋转，那么热带气旋就不会形成。这就要求风速和风向或多或少在同一高度（用专业技术词汇是说几乎没有风的切变）。飞行员通过研究不同高度的风的强度来决定飞行的最佳高度就采用了这一原理。盘

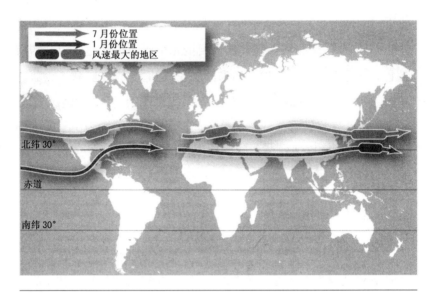

图8 急流
地图显示了1月份和7月份急流的大致位置和风速最大的地区。

旋上升的空气如果遇到强风,就会被分离,由于这个原因,热带气旋不可能在气流下方直接形成。

因此,在冬天,飓风不可能在加勒比海形成,因为急流太近(急流在冬天比在夏天吹得更猛烈)。然而,在夏天,急流向南行进,可以加速热带气旋的形成。急流永远不会近到干扰空气盘旋上升的程度,但是其边缘也许会带走气旋上面的空气,这样就吸引了更多上升的空气而加深了风暴的强度。到了夏末和秋天,急流开始向南移动,所以这是热带气旋滋生的最佳季节。

由于飓风诞生地被限制在海洋的西侧;由于需要温暖水域且又限制在纬度20°以内;还由于科里奥利效应造成的空气旋转不能在赤道5°以内形成,并且低压槽本身也要求距离赤道5°以上,所

以飓风一定是在赤道低压槽（北部是在北半球，南部是在南半球）
5°—10°之间产生。许多飓风开始在赤道无风带内（参见补充信息
栏：信风和赤道无风带）或靠近赤道无风带的地方形成，在那里，
空气行进缓慢，不受干扰地加剧。飓风在夏末和秋天形成，那时正
是海洋变暖、赤道低压槽和急流开始向南行进的时节。

补充信息栏：急　　流

在第二次世界大战期间，高空飞行刚刚兴起，空勤人员发
现飞机的实际飞行时间与起飞前预算的时间有很大差异，预
算的结果不可靠。但是他们发现当飞机从西向东飞行时，飞
行速度大幅度增加，然而，如果按相反方向飞行，又发现飞行
速度大幅度减慢。他们发现产生这种现象的原因是由于一股
狭窄、有波动的风带正在以与飞机飞行速度相当的速率吹着，
这就是急流。

如果飞机从上方或下面接近急流，飞行员会发现每1 000
英尺高度风速每小时增加3.4—6.8英里（每1 000米高度风速
每小时增加18—36公里）。如果飞机从侧面接近急流，离急流
中心每近60英里（100公里）距离，风速每小时同样增加3.4—
6.8英里（18—36公里）。急流中心的风速平均每小时为65英
里（105公里），但是有时会达到每小时310英里（500公里）。

有几种急流。在冬季，极地锋面急流位于大约北纬30°
和40°，在夏天位于大约北纬40°和50°，在南半球有与此对应

的急流。亚热带急流全年大约位于南北半球30°,这些急流在南北半球从西向东吹。在夏天,大约在北纬20°,有一个从东吹向西的急流,这个急流越过亚洲和阿拉伯半岛南部,进入非洲东北部。

急流是热风,也就是说隔离两种气团的锋面温度有明显差异,才会产生急流。这种差异最大的是对流层顶,有了对流层顶,急流才会在高处形成。极地锋面急流大约可达30 000英尺(9 000米)高,亚热带急流大约可达40 000英尺(12 000米)高。极地锋面急流与极地锋面有关,极地锋面把极地空气与热带空气隔离开,在哈得莱对流高处的对流层上方产生造成亚热带急流的气温差。

极地急流变化很大,但不是经常出现。亚热带急流更常见,所以当提到急流这一术语,经常是指亚热带急流,亚热带急流在图8上有所显示。

飓风和风暴路径

平均来说,每年所发生的热带气旋中有2/3发生在北半球,其中一半在北太平洋西侧,称它们为亚洲台风。其中许多移到中国海,袭击中国和日本海岸。而影响加勒比海和北大西洋西部的飓风只占北半球总数的1/6,占世界总数的1/10以上。发生在北半球的热带风暴大约10个当中有1个是气旋，气旋这个名称是用来描述形成于印度洋北部的风暴（印度洋南部的风暴称作台风）。

各种各样的热带气旋主要是在夏末和秋天产生。大西洋飓风和亚洲台风很可能在7月和10月发生，碧瑶风很可能在9月和11月之间在印度尼西亚和菲律宾发生。在南半球，多数热带气旋发生在12月和3月之间，印度洋上的台风通常在非洲的马达加斯加附近形成，南太平洋台风通常在澳大利亚附近形成。

在夏天，热带大气辐合区和赤道低压槽向北移动，"热带汇流区和赤道低压槽"中的图6显示了它们2月份和6月份的大致位置。当热带大气辐合区在5月或6月越过孟加拉湾时，气旋在其附近形成，在9月份当它又向南移动时，又出现了另一次气旋季节。

风推动气旋行进

热带气旋是在向西行进的空气中形成，这反映出信风在热带的空气运动（参见补充信息栏：信风和赤道无风带）。如果气旋离开热带，进入相反的方向，即从西吹向东的强风地带，那么气旋就受这种风的影响。

由于热带大气汇流区和赤道低压槽的存在，热带通常是低气压。亚热带高压边缘区域大约在赤道30°左右。热带气旋在这附近形成和移动，有些到达当地高压系统（反气旋）边缘。

在北半球，空气围绕高压地区按顺时针方向循环（在南半球按逆时针方向循环），这种反气旋循环会在附近引发风暴，围绕高压区的反气旋运动不会影响围绕低压区的反气旋运动（在北半球按逆时针方向，在南半球按顺时针方向）。当飓风靠近赤道附近的一个亚热带反气旋时,它会绕着其离开赤道时的行进路线旋转。大多数飓风以每小时10—15英里(16—24公里)的速度行进,但是当它到达高纬度时,有时速度会增加1倍。

如图9所示,在中纬度地区从西面吹来的强风,在墨西哥湾和美国哈特勒斯角的低纬度地区形成的风暴,立即会被吸引到亚热带反气旋循环中,这样使它向北行进,进入由西面吹来的强风中。

这些北美风暴在陆地上或沿海水域上形成,猛烈的时候会伴有雷暴和大风,甚至在一些地区会产生龙卷风。龙卷风也经常在热带气旋中心的下方形成。热带气旋除了覆盖面积大、来势猛烈这些特点外,它是由于轻微的气流扰动发展而来,通常情况下空气会在很大区域中保持几乎相同的温度和压力。另一方面,锋面是具有不同温度和气压的空气团之间分界线(参见补充信息栏:锋面),中纬度地区风暴的形成与锋面有关。

在世界上,从西部吹来的风的风力总体上与东部吹来的风的风力相平衡(参见补充信息栏:全球风系)。地面上的山、树、建筑和其他障碍物都能引起摩擦力,但海洋的摩擦力相对来说较少,这样正在移动的空气和陆地、海洋表面产生了摩擦力,因而减慢了风的速度。一般来说,远离地面的风和海洋上的风通常比陆地上的风强烈。这是不均匀的地表所产生的摩擦力对风施加作用力,所以风朝着它吹动的方向施加反作用力。由于有了摩擦力,才会产生海洋表面的波浪和海流。如果从西吹向东的风总是比从东吹向西的风强烈,那么经过几百万年,地球的旋转速度就会加快,因为风会增加同一方向的力量,最终导致白天时间缩短。如果从东吹向西的风比从西吹向东的风强烈,那么地球的旋转速度

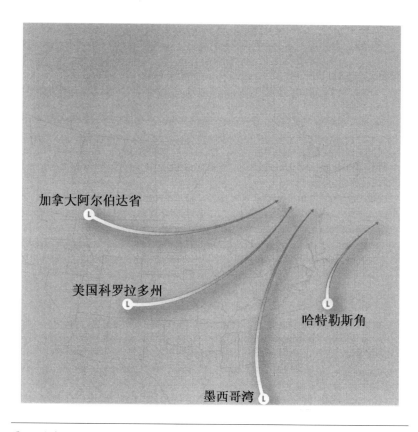

图9 越过北美的风暴路线

在中纬度地区,受由西面吹来的强风的影响,风暴由西向东行进。在墨西哥湾形成的风暴先向北行进,然后转向东行进。

会减慢,导致白天时间延长。这一变化也许会发生,但是白天时间的变化总计不超过一秒钟的千分之几,所以人们注意不到,并且这一变化也不会积累下去,因为暂时是从一个方向吹来的风的风力增加,不久就会是从相反方向吹来的风的风力增加,这样总体风力就平衡了。

第一次世界大战期间，挪威人维尔赫姆·伯耶克内斯率领的一队气象学家进行研究，发现空气中形成了明显的气团，并且邻近的每个气团的平均温度和浓密度不同，气团不会混合在一起，所以在两个气团之间形成明显的分界线，这个分界线被称为锋面。

气团在陆地和海洋表面移动的过程中，气团间的锋面也随之移动。气团是根据对比锋面后面的空气温度和锋面前面的空气温度而命名的。如果正在行进的锋面后面的空气比其前面的空气温暖，就是暖锋；如果锋面后面的空气比前面的空气冷，就是冷锋。

锋面从表面一直延伸到对流层顶，对流层顶是低对流层和高大气层（平流层）之间的分界线。锋面像吃饭用的碗一样向上倾斜，但是倾斜度很小。暖锋坡度为1°或不到1°，冷锋坡度约为2°。这就意味着当你看见空中每一个靠近暖锋的卷云时，锋面距离表面大约350—750英里（570—1 150公里）远；当你看见高空每一个靠近冷锋的卷云时，锋面距离表面大约185英里（300公里）远。

冷锋通常比暖锋在地面或海面移动速度快，所以冷空气易于穿透暖空气，迫使暖空气与冷空气一道向上升。如果暖空气正在上升，暖空气就会沿着与冷锋相分隔的锋面以更快的速度上升，这叫做上滑锋。上滑锋的出现通常会伴有浓云、大雨或大雪。如果暖空气在下降，正在行进的冷锋就不会迫使暖空气上升，这叫下滑锋。下滑锋的出现通常会伴有轻度的云、小雨、毛毛雨或小雪。图10显示出了这些横断面部分的锋系，但是锋面坡度很大。

锋面形成之后，沿着锋面开始形成波状云，这在气象图上可以看到。当波状云比较倾斜时，就会在波峰形成低压区，这叫锋面低气压。锋面低压经常造成雨水天气。在波峰下方，暖空气两侧都有冷空气。冷锋比暖锋移动速度快，这样冷空气迫使暖空气沿着冷暖锋面上升，直到所有的暖空气都远离了表面为止，这种锋面叫做锢囚锋，这种形成方式叫做锢囚。

一旦锋面成为锢囚锋，暖空气就不再接触到表面，锢囚锋两侧的空气都比暖空气冷，然而锢囚锋仍然可以被称作冷锋或暖锋，因为重要的不是空气的实际温度，而是锋面或锢囚锋一侧的空气比它后面的空气是暖还是冷。在冷锢囚锋中，锋面前面的空气比后面的空气暖；在暖锢囚锋中，锋面前面的空气比后面的空气冷。但是两种空气都比离开地面时升起的暖空气冷。图11显示了锋面的横断面。暖空气上升，形成云，进而造成降水。最后，冷暖空气达到相同温度，混合在一起，锋系分离。然而，通常同样的现象会接连发生。

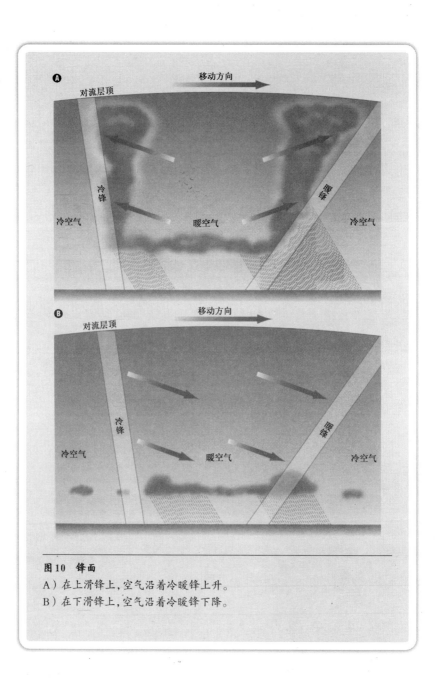

图10 锋面

A）在上滑锋上，空气沿着冷暖锋上升。

B）在下滑锋上，空气沿着冷暖锋下降。

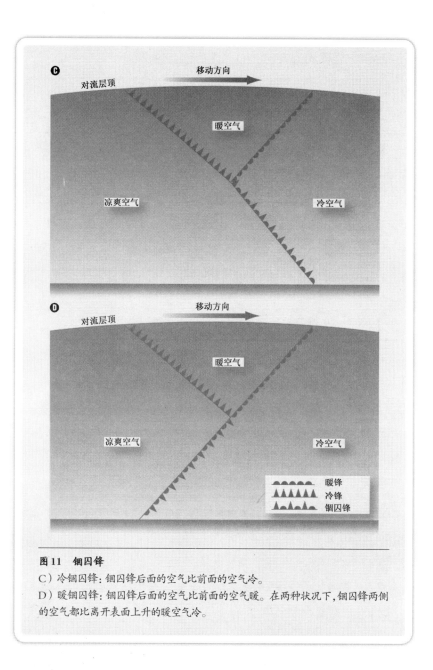

图 11 锢囚锋

C）冷锢囚锋：锢囚锋后面的空气比前面的空气冷。

D）暖锢囚锋：锢囚锋后面的空气比前面的空气暖。在两种状况下，锢囚锋两侧的空气都比离开表面上升的暖空气冷。

热带气旋移动的方向

大多数形成于中美洲西海岸的热带气旋,西行进入太平洋中部,最终在太平洋中部消失,不会造成任何伤害。但令人遗憾的是,其中有些例外。这些热带气旋在离陆地不远的海洋西海岸形成后,向前行进,直达有人居住的地区。

印度洋气旋向北旋转,直抵次大陆。孟加拉国受到的威胁最大。亚洲台风也向北旋转,向印度尼西亚、菲律宾、中国和日本行进。加勒比海和大西洋飓风向加勒比海群岛行进,然后到达墨西哥湾,或者美国佛罗里达州和美国大陆。

补充信息栏:全球风系

上升的空气在地表形成低压,这样空气流入低压区;下降的空气在地表形成高压,这样空气流出高压区。根据大气循环三种环流模式,我们知道空气在赤道上升,产生赤道低压区,信风从赤道南面和北面吹来,进入赤道低压。信风在赤道两侧的狭窄地带——即热带汇流区(参见补充信息栏:热带汇流区和赤道低压槽)的低空处汇合。所以,在南北半球热带地区,信风是从东面吹来的强风。

空气下降到低纬度哈得莱环流一侧,在南北半球纬度大约30°的地带产生高压区。下降的空气在接近地表的时候散开,一些空气流回到赤道,一些流向极地。流向极地的空气由于科里奥利效应作用转向北半球的右侧和南半球的左侧（参见补充信息栏：科里奥利效应），在南北半球产生从西面吹来的强风——在北半球是西南风，在南半球是西北风。

在南北半球大约60°还有一个低压区，在这里吹向极地的西风与由极地高压区流向赤道的空气相遇，因为极地的空气在下降和分散。两种空气在极地锋面相遇后上升。从极地高压区流出的空气也由于科里奥利效应作用转向北半球的右侧和南半球的左侧，产生从东西吹来的强风。

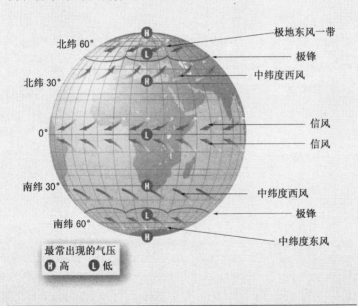

北纬60°
北纬30°
0°
南纬30°
南纬60°

极地东风一带
极锋
中纬度西风
信风
信风
中纬度西风
极锋
中纬度东风

最常出现的气压
H 高　L 低

图12　全球风带
在南北半球各有三个风带。总体而言，地球西风的风力与东风的风力相平衡。

33

从全球来看,地表强风形成了南北半球的三个地带:0 — 30°之间的东风,30 — 60°之间的西风和60 — 90°之间的东风。图12显示了这三种模式。

热带高空的强风变成西风,中纬度所有高度的风变成西风,极地高空的风变成西风。

在中纬度地区,西风最常见,但是某些时候由于气象的改变,可能有不同风向的风。

尽管热带气旋一离开温暖的热带海洋,势力就开始减弱,但因它们已经积存足够的能量,可在陆地上行进相当长的距离,还会对沿途造成严重破坏。然而当热带气旋开始改变行进路线,转回到海洋,又开始接触温暖水域,再次开始水汽蒸发和空气对流,重新恢复能量。

尽管大西洋飓风在穿过寒冷的北大西洋水域的时候势力会大大减弱,但是它们偶尔也越过海洋到达欧洲。严格地说,到达欧洲的风暴不再是飓风,因为飓风眼中的空气已变冷。

除了孟加拉湾气旋发生在初夏季节外,大部分热带气旋在夏末和秋天形成于热带海洋。它们向西行进,然后呈曲线离开赤道。这些热带气旋沿着东风行走的弯曲路线长时间行进。因为几乎所有的热带气旋都是在海洋西侧开始,向西行进一段路程进入陆地和有人居住的地方。所以,热带气旋形成的地点和行进的方向会对人类造成威胁。

二

空气和海洋

海洋气流和海洋表面温度

地球被太阳温暖着，但是温暖程度不均。太阳直射赤道地带。在赤道两侧南北纬23.5°的热带（南北回归线），1年中至少有1天正午时刻太阳直照在头顶上。这一纬度正好与地轴的倾斜度相等，地球自转轨道与地球环绕太阳运行轨道同在一平面（黄道面）（如图13所示）。

大气和海洋对天气的影响

如果地球没有大气，地表没有液体水，那么白天和夜晚的温差就会像月球一样区别极大。在月球上，白天最高温度可达大约230℉（110℃），夜晚最低温度可达大约−275℉（−170℃）。月球上几乎没有大气（接近月球表面极其稀薄的大气中，每立方英寸空间只有两三个气体分子），然而在地球上，太

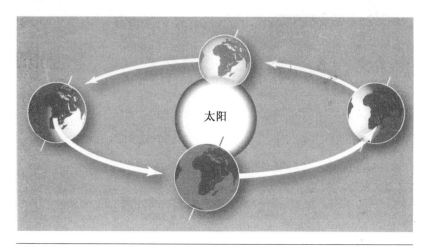

图13　黄道面

黄道面是想象的圆平面,以太阳为中心,地球的运行轨道构成边缘轨道线。

阳温暖的陆地和海洋表面,空气由于与其温暖的表面接触而受热变暖。空气和水能够运动,这样从赤道传输热量,使寒冷地区变暖、炎热地区变凉。

　　不论天气温暖或寒冷,不论阳光充足或短缺,无论下雨或下雪,我们很自然地认为是空气给我们带来这样千姿百态的天气。这一点毋庸置疑。然而海洋也起着很重要的作用,可以说很大程度上是海洋给我们带来这样丰富多彩的气候。如果你对此有些质疑,不妨比较一下位于北纬大约51.5°的英国伦敦的气候和位于北纬47.5°加拿大纽芬兰省圣约翰斯的气候。伦敦1月白天平均气温是43℉(6℃),7月白天平均气温71℉(22℃)。圣约翰斯1月和7月白天平均气温分别是29℉(−2℃)和68℉(20℃),但事实却是圣约翰斯的位置比伦敦更加靠南,纬度少4°。是什么产生了这样的区别? 答案就是北大西洋在起作用。

海洋影响气候主要取决于水的显著特性,最主要的是水的热容量。热容量是用来提高一定体积物质的温度所需要的热量,水具有很高的热容量。59℉(15℃)是地球表面的平均温度。我们需要51卡热量,才能把1盎司水的温度提高1℉(每开每克4.185 5焦耳,1开=1℃)。这就意味着水吸收大量的热才能导致温度变化。但是温度变化很慢,水的热容量因不同温度有所不同,但程度不大。干燥土壤的热容量是每华氏度每盎司10卡(每开每克0.84焦耳),这样干燥的土壤比水的温度热得快。在夏天,空气从陆地移到海洋,由于与陆地接触变暖,当移到海上时变冷。

水的热容量不同也意味着水比干燥的陆地散热慢。在冬天,空气移到海洋上时会变暖,移到陆地上时会变冷。

由于水的热容量高,才会使气候变得温和。水通过吸收热量来减缓夏天变暖的速度,但水自身温度变化不大,同时通过逐渐释放夏天吸收的热量来减缓冬天变冷的速度。到了晚秋,北大西洋北部的海洋表面气温通常比邻近的陆地气温高几摄氏度。

海洋平均深度超过12 000英尺(3 660米),约占地球面积的70%,海洋总体积超过32 500万立方英里(1 354立方公里)。这么大的水域占据如此大的领域,所以不难想象水对气候的调节作用有多大。

补充信息栏:全球大气环流

在南北回归线之间的热带是地球的地带分界线,1年中至少有1天在正午时候太阳直照在头顶上。北极圈和南极圈也是地带分界线，1年中至少有1天太阳不能升到地平线之上或1年中至少有1天太阳不能降落到地平线之下。

如图14所示，假设一束阳光的宽度只有几度，太阳直射所照亮的区域要比太阳斜射所照亮的区域小。因为两束阳光的宽度相同，所以它们的能量也相同。这样太阳直射的区域尽管小，但是离太阳近，能量大，这就是热带比地球任何地区受热强及我们离赤道越远，从太阳得到的热量越少的原因。

太阳能温暖陆地和海洋表面，空气由于接触表面而变暖。随着空气变暖，空气开始膨胀，这样变暖的空气比它上面的空气密度小，所以来自寒冷地区的密度大的冷空气从下方推动暖空气上升，上升过程中冷空气也会受热变暖。

在地表空气受热和膨胀的地区就是低压区。赤道地带一般是低压区。

在高纬度地区，来自赤道的空气移到纬度30°，这不是由于空气的温度或浓密度（参见补充信息栏：位温）造成的，而是由于全球的大气运动，包括流向赤道的低空空气而形成的。高空空气很干燥，因为它在上升和绝热冷却的过程中失去水分。下降的空气所到达的地表，气压都很高。在南北半球热带和亚热带边缘地区，赤道气团在下沉，因而一般来说是高压区。虽然在高空的空气很冷，但是在它下降和密集的时候会绝热增温，所以热带、亚热带的空气很温暖。

在极地地区，非常冷的空气下降到地表，一般产生了高压。在南北半球低纬度高压和高纬度高压之间,一般都有一个低压带。

　　空气运动从热带带来了暖空气,从极地地区带来了冷空气,这样太阳照射的热量比较均匀地分布于地球。如果地球没有大气的话,其结果难以想象。

　　地球从太阳得到热量,热带受热量最多,陆地和水受热有些差异。陆地比水受热和冷却得快,当空气移动的时候,其沿途的陆地会变暖或变冷。

　　总之,来自低纬度或高纬度的热量的输送及陆地和海洋的受热效果的差异产生了全球大气循环,正是这种大气循环才产生了不同区域的气候和每日的天气。

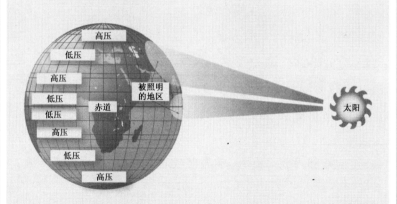

图14 阳光和气压
热带地区的阳光比高纬度地区的阳光强烈。全球大气循环在不同纬度产生了高压带和低压带。

输送热量

输送热量是海洋影响全球气候的唯一方法,不依靠空气,海洋也能把热量从低纬度地区输送到高纬度地区。

赤道附近的水域受到太阳强烈地照射,形成暖流,离开赤道,向南北方向流动,它的位置被由极地流过来的寒流代替,海洋暖流上空的空气也受热。上面提到的英国与加拿大纽芬兰岛平均气温的差异其主要原因是英国海岸受到叫做北大西洋洋流的墨西哥湾暖流的影响,而纽芬兰岛受到向南流动的来自北冰洋的拉布拉多寒流的影响。

环流是北大西洋周围按顺时针方向流动的大规模的洋流系统,墨西哥湾暖流和北大西洋洋流是其部分环流。图15显示了这一系统的主要部分。它作为向西流动的北赤道洋流在赤道北部开始,在北美洲沿岸和赤道逆流(使水越过赤道)相汇合。再向北旋转,成为安提里洋流(图15上没有显示),然后形成佛罗里达洋流。当洋流越过墨西哥湾时,成为墨西哥湾暖流,东部毗邻马尾藻海。大约在西班牙和葡萄牙所在的纬度地区北纬40°,墨西哥湾暖流分成两路,一路洋流越过海洋转向东,然后转向南,成为卡纳利洋流,接着又汇集成北赤道洋流。另一路洋流成为北大西洋洋流,向东北方向流去,流向欧洲西北部沿海,越过挪威北部沿海,形成挪威洋流,流入北冰洋。北冰洋之所以比南极洲温暖,是因为流入北冰洋的洋流都是暖流,而南极的气候是由大陆决定的。

洋流系统

环流圈对毗邻北大西洋的陆地气候影响巨大。在过去人们认

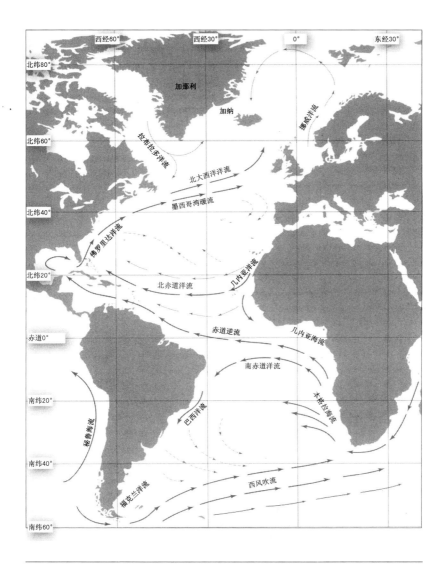

图15 大西洋洋流

主要的洋流形成环流圈,环流圈在北大西洋按顺时针方向旋转,在南大西洋按逆时针方向旋转。

为环流圈影响范围局限在北大西洋和南大西洋，所以习惯称它为大西洋洋流系统。现在由于环流圈对世界的气候影响更大，所以重新将之命名为洋流系统。洋流系统在冰雪覆盖的北极圈附近形成，由于水有多种显著性能，发生了下面的现象。

随着水温的下降，水分子失去能量，移动缓慢，这促使水分子密集地聚在一起，这样一定量的水中会含有更多的水分子。随着水的浓密度加大，水的重量增加，在水温达到40℉（4℃）时达到极值。低于这一温度，水分子形成晶体，开始结冰。冰晶体中心是空的，冰冻使水体积膨胀，密度降低。冰比水密度小，所以冰会漂浮在水上。如果不是这样的话，冰就会沉到湖底和海底，而不是在湖上和海洋上积聚，那样就会对生活在湖泊、海洋上面和里面的动物构成威胁。在海洋冰层边缘及冰层下面，水温刚刚超过冰点，所以那儿的水比周围的水密度大。

当冰晶体在盐水中形成的时候，水分子直接结合在一起，这样冰晶体就不含盐。普通的盐是氯化钠（化学符号NaCl）。盐分子由一个钠原子（Na）和一个氯原子（Cl）组成。钠原子带正电荷（Na^+），氯原子带负电荷（Cl^-）。水分子（H_2O）也带电荷，因为两个带正电荷的氢原子（H^+）和一个带负电荷的氧原子（O^-）同在分子的一侧，当盐在水中溶解时，带正电荷的钠原子（Na^+）和带负电荷的氯原子（Cl^-）分离，带正电荷的钠原子（Na^+）与带负电荷的氧原子（O^-）结合；同样，带负电荷的氯原子（Cl^-）与带正电荷的氢原子（H^+）结合。氯化钠是海水中最常见的盐，其他盐也以同样的方式溶解。当水分子结合到一起形成冰晶体时，一个水分子中带正电荷的氢原子（H^+）与另一个水分子中的带负电荷氧原子（O^-）结

合（氢结合），这样带正电荷的钠原子（Na⁺）和带负电荷的氯原子
（Cl⁻）被分离出去。分离出去后，钠原子和氯原子又重新结合成为
氯化钠，这样氯化钠又重新在水中溶解。图16显示了水结成冰时
盐的溶解和分离的一系列过程。

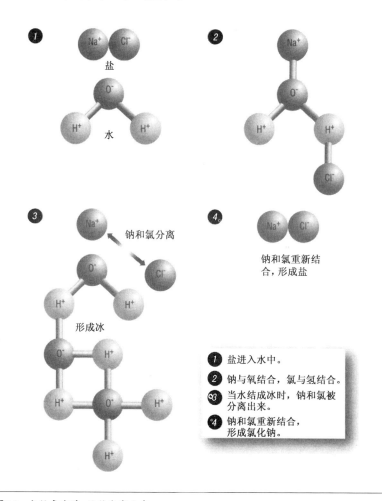

① 盐进入水中。

② 钠与氧结合，氯与氢结合。

③ 当水结成冰时，钠和氯被分离出来。

④ 钠和氯重新结合，形成氯化钠。

图16　水结成冰时，盐被分离出来

冰由淡水组成，分离后的盐和重新溶解的盐使邻近海域变咸，但差异不大。北大西洋海水平均盐度是34.9‰，冰附近海水的平均盐度是35.5‰。盐水比淡水密度大，因为在相同湿度下，一定体积的盐水比相同体积的淡水含水分子量大，并且盐中的钠原子和氯原子在水中溶解。

冰附近的水比其他区域的水寒冷并且咸，这儿的水会向下流，流到格陵兰岛和苏格兰岛之间的海底山脉北侧的海盆里，然后在冰岛和苏格兰岛之间的海底山脉溢出，这叫做冰岛-苏格兰溢流水。这股水流比深海水的密度大，它流到大约10 000英尺（3 000米）深的海底。由于更多的水一同流过来，所以海洋深处的水形成了向南流动的洋流，差不多到达北美洲大陆边缘（距离海岸有几百英里远）。这股水流若要到达赤道，需要20多年的时间。

现在这种溢流水变成了北大西洋深层水，在它继续向南流动的途中，会有更多的盐水加入其中，并在直布罗陀海峡的地中海溢出。北大西洋深水洋流一直流到南极，与西风吹流（也叫南极绕极海流）汇合，然后分出几个支流，分别流向印度洋、太平洋和大西洋，形成本格拉寒流，渡过非洲西海岸，越过赤道，然后经北大西洋到达北美洲，最后返回到起点。到这时它已经上升到水面，又开始下一次环流。洋流系统的行进路线如图17所示。

洋流系统的流动是一个缓慢的过程，深水洋流流动缓慢，流动速度每天不超过150英尺（45米）。一旦向下流到海底，海底水就不能和海洋表面水混合。在大西洋，深水返回到海洋表面需要500—800年时间（在太平洋需要多一倍的时间）。与此相对照的是，墨西哥湾暖流比较狭窄，以每小时6英里（10公里）的速度流动。

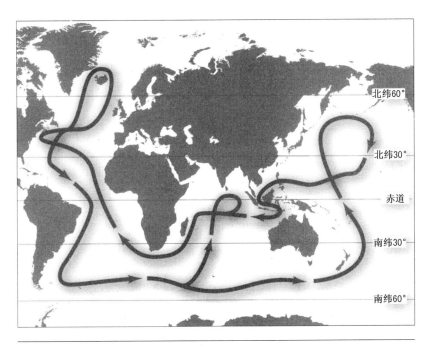

北纬60°

北纬30°

赤道

南纬30°

南纬60°

图17 洋流系统
洋流系统把暖水从赤道带走，又把冷水带回赤道。

　　纵观历史，洋流系统一直很稳定，流动速度与现在相仿，但是在久远的过去并非如此。那时它会不时地变化，并且变化很快，有时流动很凶猛，有时整体停止流动，由于其变化无常造成气候多变。大约1万年以前，北大西洋洋流停止流动，几十年内北半球曾一度陷入接近冰河的状态。但是融化了的淡水流入北大西洋，改变了这种状况。最近一次冰河时期，覆盖北美洲大部分土地的冰层融化后，结束了冰河时期。在其他时候，洋流系统由于遇到大量巨大的冰山而暂停，这一点现在的科学家也无据可查。淡水由于密度小，像巨大的木筏一样漂浮在盐水上，阻止密度大的水下降到北大西洋海底形成深水。一些科学家担心全球变暖也许会增加高纬度地区的降雨降雪量,这样也许会阻止北大西洋深水层的形成,中断洋流环流,进而造成欧洲西北部气候明显变冷。然而,这种危险性可能极小。

风推动洋流流动

洋流系统使环流圈循环于各个海洋,风推动海洋表面的洋流。在赤道两侧,风从东面猛烈地吹,这些是从北半球东北部和南半球东南部吹来的信风(参见补充信息栏:信风和赤道无风带)。信风推动了南北半球赤道洋流的流动。

补充信息栏:信风和赤道无风带

在热带哈得莱环流圈内,下降的空气绝热升温,但是不会凝聚水汽,所以空气到达地面时,变得又干又热。空气到达地面后,分成两部分,一部分流向赤道,一部分离开赤道。流向赤道的空气在北半球向右旋转,在南半球向左旋转,在赤道以北产生东北风,在赤道以南产生东南风,这些就是信风。

信风取自于德语"路径"这个词,因为信风总是从相同的方向吹来。几乎在世界一半的地区都存在信风。尽管冬季信风比夏季信风强烈,但是信风的速度和方向可以把握。

然而,哈得莱环流圈不仅仅有一个,而是有几个。信风从南北半球环流圈东部吹来,在赤道附近汇合。如图18箭头所示,箭头之间有空隙,空隙间的风很轻,空气相当平静,帆船可以在这里静止不动。这不仅给水手带来很多不便,而且也造成极大危险。他们不得不在炎炎的烈日之下,眼看着淡水一天天的耗尽。他们管这一地区叫做赤道无风带(又称马纬度,这一名称的由来是因为由于船上缺少淡水,很多马匹渴死,这样不得不把马匹的尸体扔到海里)。

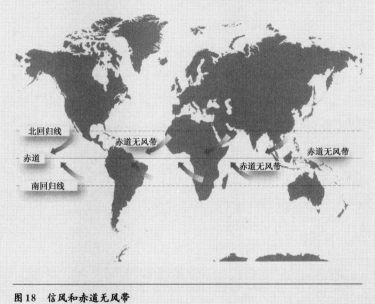

图 18   信风和赤道无风带
赤道无风带在特定地区存在。

在南大西洋、北太平洋和南太平洋也有受信风推动的环流圈,在印度洋南部也有一个这样的较小但较复杂的环流圈。

在北太平洋,流向日本海岸的黑潮跟墨西哥湾暖流相似,流动速度也相似。在北半球,所有的环流圈都按顺时针方向流动,在南半球都按逆时针方向流动。暖流和寒流在温度和水方面都有区别。例如,墨西哥暖流的温度相当稳定,不管毗邻海洋的温度是多少,它都保持在64—68℉(18—20℃)。

赤道无风带和副热带无风带

在赤道有些地区,风通常很小或者根本没有风。阳光火辣辣的照在这些地区,空气好像停滞不动。在航海的时节,水手讨厌这些地区,尽量避免经过这里,因为船有可能因无风而连续几周无法航行,被迫停泊在这里。水手称这些地区为赤道无风带。在过去,船经常载运大量马匹,如果因无风在这停泊很长时间,由于缺少淡水,马匹会渐渐死掉。马一旦死掉,只有被扔到海里。水手就把位于南北纬大约30°的这些无风地方称作马纬度(副热带无风带)。赤道无风带、副热带无风带和信风都是由热带和亚热带哈得莱环流内的空气对流循环而产生的(参见补充信息栏:乔治·哈得莱和哈得莱环流圈)。

补充信息栏:乔治·哈得莱和哈得莱环流圈

当欧洲船队第一次离开欧洲越过北回归线穿过赤道时,水手们发现信风无论在风力还是方向上都很少变化,这给他们的航海带来了很大的帮助。到了16世纪,几乎所有水手都知道了信风的存在。但直到多年以后才有人开始对信风进行研究。与许多科学发现一样，对信风的研究也经历了几个阶段。

英国天文学家爱德蒙德·哈得莱（1656—1742）是第一个对信风作出解释的人。他在1686年提出赤道地区的空气温度要比其他地区高，暖气流的上升使赤道两边的冷空气向赤道流动，由此形成了信风。我们今天知道这种解释是错误的，因为如果这样的话，赤道两侧的信风应该分别来自正北和正南而不是东北和东南。

1735年，英国气象学家乔治·哈得莱（1685—1768）对哈得莱的理论提出了修正，指出地球由西向东的自转使空气发生了偏移，形成了东北与东南两个方向的信风。这一说法虽然正确地解释了信风，但其理论还是较为粗糙。

此后美国气象学家威廉姆·费雷尔（1817—1891）在1856年将科里奥利效应引入大气运动研究之中，指出空气方向的改变是由于空气在运动中围绕自己的竖轴旋转，就像被搅动的咖啡一样。由于是费雷尔第一个发现了在中纬度地区的大气逆流，因此人们称之为费雷尔环流。

在解释信风的过程中，哈得莱对热量从赤道地区向其他地区的传递进行了说明，提出赤道上空的暖空气在高空向极地方向流动并在极地地区下沉。空气等流体由于底部受热而进行的垂直运动被称为环流，所以哈得莱所描述的这种空气运动方式称为哈得莱环流。

地球自转使哈得莱环流的形成不止一个,并且环流的形成过程也非常复杂。来自赤道不同地区的热气流上升至高空10英里(16公里)处时离开赤道上空,冷却后在南北纬25°—30°地区下沉。当空气到达地表时,有一部分会向赤道方向回流形成信风,完成低纬度环流,其他的则远离赤道向极地方向运动。

　　　冷空气在到达极地上空时下降,在低空处飘离南北两极。在南北纬50°的地区与部分来自赤道哈得莱环流的热气流相遇,形成极地锋面。在极地锋面处空气再次上升,一部分飘向极地形成高纬度环流,其他的则飘向赤道地区与下沉的哈得莱环流汇合,成为环流的一部分。

　　　在南北半球各有三组这样的环流,所有的环流中都是暖空气向远离赤道的方向运动而冷空气则向赤道方向运动,人们将其称为大气环流中的三圈环流模式。

补充信息栏: 位　温

　　　由于冷空气的分子间的距离小,因此其密度大于热空气。一定体积的冷空气的质量和密度都大于同体积的热空气。受下方冷空气的抬升作用,密度较小的热空气上升至冷空气的上方。

　　　空气温度随高度的增加而下降,所以山顶的温度比山下低。某些高山的山顶终年积雪不化，即使是在夏季，登山者也要穿上厚重的衣服才行。那么是什么原因使处于山顶或对流层顶的冷空气没有下沉到地面呢？

在回答这个问题之前，我们先想象一下如果这些密度大、温度低的空气下沉到地面后情况会如何。假设天空无云，空气干燥，海平面温度为 80 ℉（27℃），高空 33 000 英尺（10 公里）处的对流层顶的温度是 — 65 ℉（— 54℃）。由于温度和高度的影响，对流层顶的空气密度大于其下方的空气。

如果这样的空气下沉到海平面高度的话，在其下降过程中空气会受到挤压并产生绝热升温（参见补充信息栏：绝热冷却与绝热升温）。由于空气非常干燥，其干绝热直减率（DALR）为每 1 000 英尺 5.4 ℉（每公里 9.8℃）。当空气下降 33 000 英尺（10 公里）时，其温度会增加 5.4×33=178.2 ℉（9.8×10=98℃）。与其在对流层顶时的温度相加，则当空气下沉到地面时它的温度是 178.2-65 = 113.2 ℉（98-54=44℃），远远高于海平面高度的 80 ℉（27℃）。所以下降过程中温度的升高使空气密度变小，质量少于它下面的空气，因而高空中的空气不可能真的下沉到地面。

位温是空中的空气块下降到海平面气压（即 1 000 毫压、100 千帕或 29 毫米汞柱）时按绝热变化所达到的温度，用希腊字母 Φ 表示。位温只受空气温度和气压的影响。天气学家们用位温来测定大气的稳定度。

在海洋表面数千英尺下，密度大的冷水向南流动，取代原来的水，这样造成一个海洋水循环。海洋表面的水也受到信风的推动，形成洋流，带走已被热带太阳温暖的水。尽管热带水域总是很温暖，但是如果它们不是在一直流动，如果不被高纬度地区流入的冷水所替代，那么它们也许会更暖。同样，如果不是温暖的水一直在流入，那么最南最北的海洋也许比现在还要冷。

然而，在赤道无风带，没有风就意味着海洋表面的水流动不快（参见补充信息栏：信风和赤道无风带）。如果长时间受炎热的太阳的照射，部分海洋就会变得很温暖。如果大面积海洋表面温度超过大约80℉（27℃），那么由于接触海洋而变暖的空气也许会引发飓风。在适当位置的温暖海洋不是形成飓风的唯一必要条件（参见"飓风发生的地点"），但是它却是一个重要的条件。

飓风产生的季节

在夏季，热带海洋受热最强。由于水的热容量高，海洋在整个夏天慢慢变暖，直到夏季中旬至下旬才能达到足够引发飓风的高温度，所以飓风最可能在夏末和秋季产生。在北大西洋西部、加勒比海以及太平洋西部，7月到10月是飓风产生的高峰期。但有时最早会在5月、最迟会在10月产生。在亚洲东南部，飓风在9月到11月期间也很频繁。在印度洋，飓风会在4月和6月出现，然后在10月和11月再次出现。在南半球，12月到次年3月是飓风发生期，但是飓风从不在赤道南部的大西洋产生。

从世界整体来看，从1958年到1977年期间大约有80次飓风，其中北半球有54.6次，南半球有24.5次。在大西洋，与1885—

1994平均每年4.9次相比，1995年比较特殊，有11次飓风，是近60年飓风发生较多的一年。2000年大西洋有6次比较典型的热带风暴，在北半球其他地方还有21次，总计达27次。2001年大西洋有9次飓风、北太平洋有20次台风，总计达29次。2000—2001年南半球有8次台风。

只有在热带飓风才能够产生。飓风一旦形成，就能行进很长一段路程。在热带以外的地区生活，并不能确保人们不会遇到这种最猛烈的热带风暴。飓风偶尔也会在势力大大削弱后到达北欧，这时仍然具有相当大的破坏能力。因为飓风通常不会到达欧洲，没有做好充足准备，结果造成的损失也许更大。

升温、对流和低气压

飞机发明之前，科学家和工程师一直在探讨是否能够建造一个比空气重的飞行器，一些科学家认为这种想法十分荒谬。美国天文学家萨缪尔·皮尔普恩特·兰利（1834—1906）在他设计的由蒸汽发动机为动力的不载人飞机飞行成功后，开始研究载人飞机。美国联邦政府对他的三次载人飞机实验提供资金，在第三次试飞失败后，《纽约时报》发表社论，强烈反对这项工程，称它为耗费公共资金的愚蠢行为，并预言1 000年后人类才会飞上天。9天之后，即12月17日，莱特兄弟发明的载人飞机飞行成功，证明《纽约时报》的预言是错误的。

是设计比空气轻的机器还是比空气重的机器，多年来一直对此争论不休。1936年德国兴登堡载人飞船在德国和美国开始载人飞行。1937年5月6日,在美国新泽西州的莱克赫斯特,兴登堡载人飞船坠毁。直到20世纪30年代,许多飞船坠毁之后,人们才开始认为比空气重的飞机更安全。

兴登堡飞船很大,有804英尺(245米)长,动力为4个1 100马力内燃机,可运载多达50个乘客的同时运载65小时的飞越北大西洋发动机所用的燃料及乘客和工作人员所需的食品和铺位。显然,这些都比空气重。发动机和机舱被安置在主船体下面的舱室里。船体组成了飞船的整体框架,船体里装满氢气。现代飞船使用氦,使用氦比使用氢价钱贵,但优点是氦不易燃。氢和氦比组成空气的氮和氧轻,船体充满的气体与对应量的空气之间的重量差要与船体、发动机和铺位的重量相等。飞船的制作材料比空气重,但是上升气体弥补了重量差。

实际上,飞船是安装了发动机、能够驾驭的气球。某些气球还在使用氦作为提升用气体,但是多数气球已经不用。乘气球飞行已成为一种受人欢迎的体育运动,平静地飞越乡村的气球是靠空气停留在空中,它们是热气球。

浮力和阿基米德

在气球的气囊下面有乘客脚踩的气球吊篮,在吊篮的上方有充满燃气的大功率燃烧室。当燃烧室点火的时候,热气升入气囊,气球随之升起。当燃烧室停止燃烧时,气囊中的空气慢慢变冷,气球开始下降。

跟飞船一样,气球也有重量,但是与飞船不同的是,热气球不使用比空气轻的上升气体，它是靠空气本身上升的。这是因为当空气受热的时候，其密度就会降低，这理论1787年由法国物理学家雅克·A.C.查理（1746—1823）发现，1862年由另一个法国物理学家约瑟夫·L.盖吕萨克（1778—1850）更准确地证实，所以人们称这一理论为查理定律，另一些人称之为盖吕萨克定律。这一定律阐述到，如果一定体积的气体压力不变，其体积与温度成比例，用数学式表示为$V=KT$。V是体积，T是以开为计量的温度（$1K=1.8°F=1℃$），K是一个常数。所以如果气体受热，它就会膨胀，占据更大体积的空间（温度增加，体积也成比例地增加）。人们理所当然地认为原有的体积含有较少的热气体，由于热气体少，所以它的质量小，重量轻。图19显示了发生的过程。

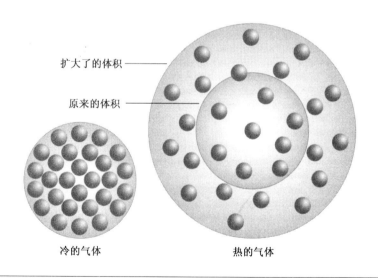

扩大了的体积

原来的体积

冷的气体　　　　　　　　热的气体

图19　浮力
热气体分子比冷气体的分子距离大，所以一定量体积的热气体比相同体积的冷气体分子含量少。因为热气体分子含量少，所以它的质量比相同体积的冷气体少。

希腊数学家和物理学家阿基米德（前287—前212）发现，当一个物体被沉浸在像水或空气这样的流体中时，它替代了与它体积相等的一定量的流体。这时物体的重量减轻，减轻的重量正好与它所替代的流体的重量相等，这就是阿基米德原理。图20显示了这一原理。

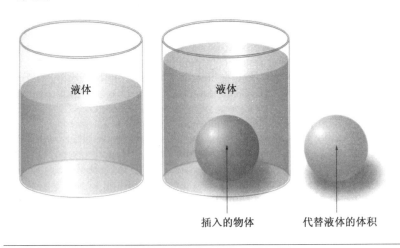

图20　阿基米德原理

当一个物体沉浸在流体中时，它替代了与它体积相等的一定量的流体。这时物体的重量减轻，减轻的重量正好与它所替代的流体的重量相等。

重量减轻就像施加了推动物体上升的作用力，这种力叫做浮力。如果它是向上的作用力，就是正浮力，但是空气也有向下作用的反浮力。如果你知道物体（或空气）的质量和浓密度、周围流体的浓密度和重力加速度（g=32.18英尺每二次方秒；即9.807米每二次方秒），你就会计算出作用于物体或一块空气的浮力。气象学家通过计算作用于空气的浮力来测量空气是否稳定（参见补充信息栏：对流）。

当空气受热时，发生了什么

空气是各种气体的混合体，它们以分子的形式存在，向各个方向自由移动。它们时常互相碰撞，然后反弹到新的方向。它们移动的速度与它们的温度有关。热是一种能量形式，当气体分子吸收到热量，热量就转化成了动能。当分子运动很快的时候，分子间的碰撞就会更激烈，会弹得更远，这就促使它们向远处运动，造成分子间的距离越来越远。这就是为什么当气体加热时会膨胀的原因，也是一定量的热气体比同样量的冷气体分子含量少的原因。

当热气球的燃烧室点火时，空气向上膨胀，进入气囊。任何量的膨胀空气都比周围的冷空气分子含量少，所以热空气上升到气囊的顶端，而下面密度大的冷空气被挤出气囊以便腾出空间。过了一段时间，气囊里的空气比气囊外的空气密度小，所以气囊里的空气就比气囊外的空气轻。所以整个气球，包括气囊、燃烧室、吊篮和乘客的所有的物品就一同升起来了。就飞船而言，整个构造比空气轻，因为气囊里和气囊外空气重量差与其他组成部分的重量相等。

现在要考虑的是，当太阳照射使地球变暖的时候，会发生什么？太阳辐射对大气中气体的作用不大。太阳辐射穿过大气，直到到达地面或水面才被吸收。地面或水面由于吸收了太阳辐射而变暖，温暖的地面或水面与空气接触，使空气变暖。太阳辐射总是从下面而不是从上面使空气变暖的，正是空气这种从下面变暖才造成了我们的天气。

现在有了受地面或水面温暖的空气层。由于它受热变暖，体积才开始膨胀；由于它体积膨胀，它才比周围同等量体积的空气密

57

度小、重量轻；由于它有了浮力，它才开始上升。它靠近地面或水面的位置被冷空气取代，冷空气变暖，也会产生浮力，只要太阳继续温暖地面或水面，这一过程就会继续下去，即产生热空气上升，冷空气流入。这样，通过对流在大气中垂直分配热量。

空气一旦膨胀，开始上升，上升后空气就又开始冷却。大气的温度随着地面或水面上升而下降。温度下降的比率叫做直减率。干燥空气中每1 000英尺平均为5.5℉（每1 000米为10℃），潮湿空气中每1 000英尺平均为3℉（每1 000米为6℃）。膨胀上升的空气不依赖周围的空气温度而冷却，叫做绝热冷却（参见补充信息栏：绝热冷却和绝热升温）。

补充信息栏：绝热冷却和绝热升温

底层空气总是承受着来自上层空气的压力。我们用气球来举个例子。图中是一只被吹起了一半的气球。由于气球是用绝热材料制成的，因此不管气球外面的温度如何变化，气球内部始终是恒温的。

现在气球升入空中。假设气球内部空气的密度小于气球上方的空气密度，气球一路上升。受上方空气压力和下方高密度大气的联合影响，气球内部的空气不断受到挤压，但是气球最终还是升到了高空。

随着高度的增加，气球距离大气顶层的距离越来越短，气球上方的空气越来越少，对气球产生的压力也随之减小，同时由于空气密度越来越小，来自底层空气的压力也在减小。气球内的空气开始膨胀。

当气体膨胀时，其分子间的距离会加大，也就是说虽然分子的数量没有增加但占据的空间变大了。所以分子间会不断冲撞以使其他分子为自己让路，这就要消耗掉一部分的能量。所以气体膨胀过程中会有能量的丢失，而能量的减少又减缓了分子运动的速度。当运动着的分子撞击到其他分子时，有一部分动能会被受撞击的分子吸收并转化成热量。受撞击的分子的温度会随之增加，增加的幅度与撞击它的分子的数量和速度有关。

随着气球膨胀程度的增加，分子间的距离越来越大，所以每次只有少量的分子相互撞击，并且由于分子运动速度下降，撞击的力度也在减少空气温度的下降。

当气球内部的空气密度大于外部空气时气球开始下降。气球上方的压力逐渐加大，气球收缩变小。气球内部的空气分子获得更多的能量后温度开始

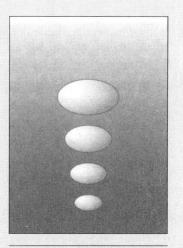

图21　绝热冷却和绝热升温

绝热冷却和绝热升温是上升空气和下降空气的气压造成的结果。空气受到上面的空气重力和下面密度大的空气的挤压。当空气升到密度小的空气范围时，空气膨胀；当空气下降到密度大的空气范围时，空气收缩。

回升。通过以上的分析我们看出气球内部空气温度的上升和下降与气球外部的空气无关。空气的这种升温和降温方式被称为绝热冷却和绝热升温。

最后，上升的空气温度与周围的空气温度相似，所以上升的空气浓密度和体积的重量与周围的空气也相似。当空气达到这一高度时，不再上升，因为它比它上面的空气密度大而且重，它已经失去它的正浮力，现在具有中浮力。

如果空气与地面或水面接触受热强度很大，如果下面受热的空气不断补充上升的空气，那么空气也许会升到极高的高度，这样绝热冷却会在大约7英里（11公里）的高度上把它的温度降到−74℉（−59℃）左右。太阳加热在热带最强，受热的空气升高到11英里（18公里）高处，那里的温度有−112℉（−80℃）左右。

在赤道上空大约11英里（18公里）到极地上空7英里（11公里）这一高度，气温不再随高度的增加而下降。在比这还高的高空，气温开始随着高度的增加而增加，发生这一现象的大气区域叫做平流层，在这一高度空气几乎没有垂直运动就形成平流层。叫做对流层顶的平流层下边分界线会阻止空气上升，所以空气不再上升。

在赤道地区，空气在地面强烈受热，一直升到对流层顶。事实并非只有这么简单。地面受热只是部分说明了上升空气的浮力。赤道空气潮湿，在它上升的过程中，水汽凝结，释放潜热，这样赤道空气被升温。虽然绝热冷却是造成高度上升、温度下降的最重要原因，但是上升的暖空气和使上升空气冷却的周围冷空气会混合在一起。

气压

无论你站在地球的什么地方,在你上空都有一团延伸到大气顶端的空气柱。意大利物理学家艾凡奚里斯达·托里拆利在1644年用他自己发明的气压表,检测出空气有重量。他发明的气压表一直沿用到现在。

任何物体都会对它下面的东西施加压力,空气的重量也如此。空气的重量施加压力的大小取决于空气柱中的空气量。气压是在变化的。例如,如果你爬到山顶,你头顶的空气柱就会短些。山上的空气少,所以气压也相对小。气压在海平面上的变化原因也是这样。如果某一地区上空的空气量(即空气分子量)下降,空气重量减小,那么表面气压就会减少。如果空气量增加,那么表面气压也增加。如果一个地方的表面气压比另一个地方低,那么空气就会从高压区流向低压区,这就跟水从高处流向低处一样,但是由于科里奥利效应,空气不会呈直线流动(参见补充信息栏:科里奥利效应)。空气由高气压流向低气压,跟风的流动相似,风的变化取决于两个地区的气压差(参见补充信息栏:气压、高气压和低气压)。飓风会产生强风,因为飓风系统控制的地区和周围的空气间的气压差很大。

补充信息栏:气压、高气压和低气压

空气变暖时,体积膨胀,密度减小;变冷时,体积缩小,密度加大。

空气的膨胀是通过把周围的空气推开而实现的。因为密度

低于紧挨在它上面的空气,所以膨胀的空气会上升。然后,密度较大的空气补充进来,将其往上推。由于与地表的接触,这些密度较大的空气也会变暖、膨胀和上升。我们想象一根空气柱从地面一直延伸到大气层顶端。下方的热量使空气不断被推出空气柱以外,这样,相比温度较低时,空气柱内的空气减少了(空气分子数量减少)。空气量减少后,其对地表施加的压力就随之降低。于是便形成了一片地面气压较低的区域——这里所说的低是相对于其他地方而言的。这样的区域术语上叫做气旋,但人们往往简单地称其为低压。

而对于变冷的空气,情况则正相反。空气分子之间的距离越来越小,造成空气收缩,密度变大,从而下沉,更多的空气被吸引到不断下沉的空气柱中来。空气柱中的空气量增加,导致其重量变大,地面气压也提高。这样便形成了一个高压区域,叫做反气旋,或简称为高压。

在海平面上,大气的压力足以将空气被抽走的管中的水银柱升高大约30英寸(760毫米)。气象学家把这样大小的压力叫做1巴,并使用毫巴(1 000毫巴(mb)=1巴)来度量大气压力。报纸和电视发布的天气预报仍然使用毫巴为单位,但国际通行的压强单位已经改变。现在,科学家们使用帕斯卡(Pa)来度量大气压力:1巴=0.1 MPa(兆帕,即百万帕斯卡);1毫巴=100帕斯卡(帕,Pa)。

空气压力随高度递减,这是因为上方施加压力的空气不断减少。监测地面气压的气象站被设在海拔不同的地方。各气象站获得的压力读数都被调整为海平面气压，以消除高度所造成的差异，从而相互进行比较。气象学家们用线将海平面气压相同的地方连接起来。这样的线叫做等压线，气象学家利用它们来研究压力的分布。

与水往低处流的道理相同，空气也由高压区向低压区流动。其速度，也就是我们感受到的风力强度，取决于两个地区之间气压的差。这叫做气压梯度。在天气图上，气压梯度是根据等压线之间的距离计算的。同样利用这种方法，在普通地图上，也可以根据等高线之间的距离测量出山地的坡度。如图22所示，梯度的

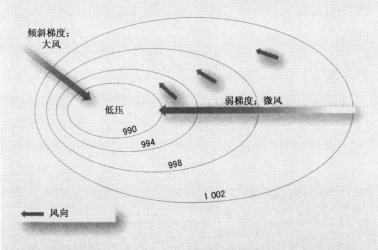

图22 气压梯度和风速
与等压线成直角的风叫做梯度风；在地表上空，与等压线平行方向吹的风叫做地转风。

坡度越大,等压线之间的距离就越近,风力也就越强。

移动的空气受科里奥利效应(参见补充信息栏:科里奥利效应)的影响。科里奥利效应使空气在北半球向右偏转,南半球向左偏转。所以,离开地球表面的风向沿等高线平行的方向流动,而不是横跨等高线(参见补充信息栏:克里斯托夫·白·贝罗和他的定律)。

热带空气循环

赤道地区地表常年强烈受热,与地表接触的空气受热变暖,不断膨胀上升。上升到对流层顶的空气比向南向北流动的空气密度小,这就是说赤道地区上空的空气比其他地区空气密度小(空气分子量小),因此赤道地区表面气压永远比其他地区气压低。

当赤道空气到达对流层顶,就不再上升,向赤道南北流动,离开赤道。这时的空气由于绝热冷却已变得极冷。上升空气不断补充,空气浓密度相应增加。当离开赤道的冷空气和流入赤道的空气相遇汇合后,下降到地表。

下降到地表的空气非常干燥。这是因为赤道大部分地区被水覆盖,水受热蒸发变成水蒸气,这样低空的空气比较潮湿。空气中水蒸气的含量取决于空气的温度。随着上升空气逐渐变冷,越来越多的水蒸气冷却(参见补充信息栏:蒸发、冷却和云的形成)。当上升空气到达对流层顶时,几乎所有的水蒸气都被消耗掉。

在赤道上空产生的寒冷、干燥、密度大的空气一直下降到热带地表。在它下降的时候绝热升温，所以当下降空气到达地表时已经变热，但是仍然很干燥，这样在南北半球热带地区造成沙漠及永久性高气压。在对流层顶下面，来自赤道的空气不断流入，这样对流层和地表之间的空气量（分子量）增多，因此空气重量和地表气压增大。

在地表，一些空气流向赤道，一些空气离开赤道。离开赤道的空气会使沙漠面积扩大，延伸到较高纬度地区。流向赤道的空气和上升的暖空气一起，完成空气循环——即空气在赤道上空上升，离开赤道，然后下降，在低空流回赤道。

空气的这种运动方式叫做对流圈，在赤道和热带之间移动的空气所形成的对流圈叫哈得莱环流圈。图23显示了哈得莱环流圈

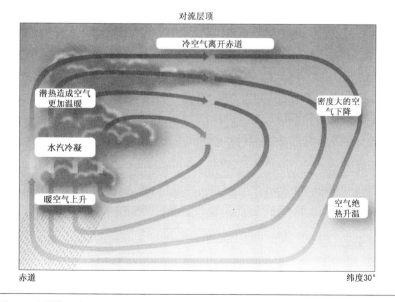

图23 哈得莱环流圈

空气在赤道上升，在高空离开赤道，下降到热带地区，形成低空信风，返回到赤道。

的空气运动。

哈得莱环流圈是17世纪乔治·哈得莱发现的（参见"洋流和海洋表面温度"）。简单地说风是由运动的空气引起的，热带风会对天气造成极大影响。正如补充信息栏"乔治·哈得莱和哈得莱环流圈"所解释的那样，三个明显的对流圈系统构成了气象学家所称的大气循环三种对流模式。

三种对流模式解释了热量如何从赤道地区转移到高纬度地区及总体来说气压系统如何分布的。空气上升地区的地面都是低气压；空气下降地区的地面都是高气压。赤道地区是低气压，热带、副热带和极地地区是高气压。中纬度地区是极地空气和热带空气的汇流区，根据对流层顶附近的空气状况，形成向南向北移动的分界线，这就造成中纬度地区气压不稳，天气变化无常。然而，总体来说，这一地区气压通常是低气压多于高气压。

气象学家称上升的暖空气为不稳定空气，因为空气一直上升，直到达到与周围空气密度一样时才停止。如果空气既潮湿又不稳定，就会形成塔状云。塔状云可以在任何地方造成暴风雨天气，但是在空气湿度和不稳定性比任何地区都大的赤道地区，会造成飓风。

雷雨云

当上升的空气变冷的时候，水蒸气会冷却形成小水珠或冰晶体，进而形成云。一些云在夏季晴朗的天空上看起来白白的、小小的、毛茸茸的,这种云叫晴天积云。云可以是平平的云层,也可以是波浪形的云。有白云、黑云和各种形状的灰云。一些云会带来毛毛雨,一些云会带来阵雨,还有些云会带来暴雨、雪或冰雹,并伴有雷电。这些雷雨云在某些地区一定条件下可引发飓风。

各个时代的科学家对不同种类的云进行了描述。古希腊的哲学家泰奥弗拉斯托斯(前372—前287)把云描述成"像羊毛一样的一条条的云"。泰奥弗拉斯托斯擅长植物的分类,他被称作"植物学之父"。然而,他阐述的云的分类及云的分类名称没什么可取之处。法国伟大的博物学家让·拉马克(1744—1829)擅长植物和动物的分类,他对云的分类也进行了尝试,但是没有成功。不过他使用了"快速移动"、"条"、"成群"、"堆积"、"遮盖"和"有斑点"这样的词来描述云。

直到1803年,英国年轻的药剂师、业余气象学家路加·霍华德发表了一篇关于云的分类的文章,他的分类被联合国世界气象组织确定为云的分类的国际统一标准,至今仍被采用。现在,世界所有气象学家都采用这一标准(参见补充信息栏:云的分类),所以如果你使用标准的气象名词来描述云,世界上任何气象学家都能读懂。

云的分类的标准名称汇集在1896年世界气象组织出版的《国际云图册》里。《国际云图册》包括上下两册,至今已多次定期改版。上册是散页手册,描写了如何观测云和其他气象的方法;下册包含196张照片(其中161张是彩图),附有云的种类的说明文字。还有一个节略单册本,附有关于云的种类和其他气象的72张彩色和黑白照片,还有如何观测云的说明文字。

　　根据云的形状和结构,国际上制定出云的分类的统一标准。按照这一标准,云可分为10大种类,并在此基础上还可以细分。还有附属云(与不同种类的大云相关的小云)和补充云(云的扩充)。云的分类名称用拉丁字母表示,用标准的缩写字母。像附属云和补充云这样的类别名称通常使用全称。例如,层积云(Sc)形成了杏仁状或透镜状(len),英状层积云的缩写为Sc_{len}。如果层积云以带状出现,可以归类为辐状层积云。

　　根据云通常形成的高度,云可以分为低空云、中空云和高空云。大的雷雨云在低空形成,但是会延伸到高空,出于方便仍称为低空云。图24显示了10种云以及形成于积雨云上的冰晶体被风吹成特殊形状的砧状云。砧状云是补充云。

云的种类:

低空云: 云底高度从海平面到1.2英里(2 000米)的高度。

　　　　层　云(St): 一层无特征的延伸云。如果云层足够厚的话,会产生毛毛雨或小雪。

　　　　层积云(Sc): 与层云相似,但是被分成很多彼此分离的毛茸茸的云。如果云层足够厚的话,会产生毛毛雨或小雪。

　　　　积　云(Cu): 云底平缓、彼此分离的毛茸茸的云,这样的云有很多,云底的高度相同,它们也许会合并为一个云。

积雨云（Cb）：非常大的积云，经常上升到很高的高度。由于积雨云的云层很厚，积雨云的云底经常看起来黑乎乎一片。如果积雨云的上面足够高的话，就会形成冰晶体，也许会被吹成砧状云。

中空云：云底高度从极地地区的1.2—2.5英里（2 000—4 000米）到温带和热带地区的4—5英里（6 000—8 000米）的高度。

高积云（Ac）：块状或卷状云层，有时也称作"卷毛云"。

雨层云（As）：灰白色、含水的无特征的云，可以形成云层，透过云层可以看见太阳的暗影。

雨层云（Ns）：一层会产生雨雪的无特征的云，云层足够厚，可以完全遮蔽太阳、月亮和星星，可以使白天昏暗，夜晚极其黑暗。

高空云：云底高度从极地地区的2—5英里（3 000—8 000米）到温带和热带地区的3—11英里（5 000—18 000米）的高度。所有的高空云都完全是由冰晶体形成的。

卷　云（Ci）：白色纤维状的块状云，有时被吹成带有卷状尾巴的一串串云。

卷积云（Cc）：薄薄的块状云，有时会形成波动，在一

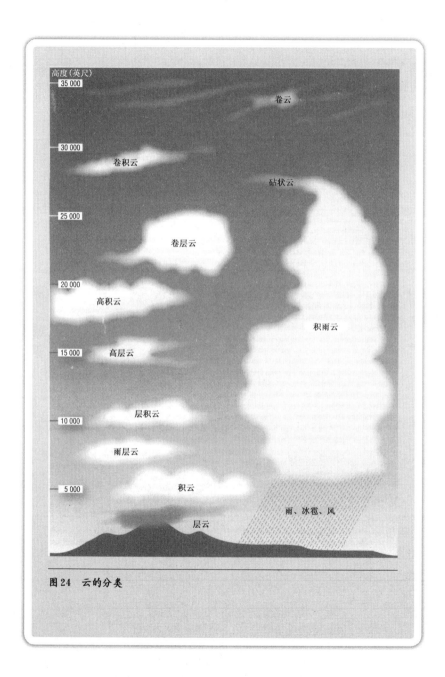

图24 云的分类

些地区会呈纤维状,没有固定形状。

卷层云(Cs):薄薄的几乎透明的云,形成大范围的
云层,其厚度足以产生环绕太阳和
月亮的晕。

云的形成

云的分类详细、复杂,许多云的名称不常见,只用于某些地区。归纳起来,主要有10种云。

所有的云都是通过水蒸气冷却而形成的,但是云的种类取决于云的高度和空气内发生的变化。如果空气从下面强烈受热,导致空气上升,热量通过对流垂直移动,那么这样的空气就不稳定,积云就会在里面形成。空气垂直运动越强,积云就越高。如果空气没有垂直运动,特别是空气下降很慢,那么空气就会稳定,层云就会在里面形成。积云和层云都会产生雨雪,但是层云会产生阵雨。

空气的湿度

空气相对而言不是潮湿就是干燥,空气的湿度因地因时而异。云不会在非常干燥的空气中形成。水蒸气是用肉眼看不见的气体,但是可以用湿度来测量。极地沙漠地区寒冷,水蒸气直接变成冰,空气中几乎没有水蒸气。但是在温暖潮湿的空气中,水蒸气的空气总质量多达7%。

水蒸气质量与不包含水蒸气的一定空气质量的比率叫做相对湿度。通常用不包含水蒸气的 1 000 克空气的质量中含有多少水蒸气这一比率来表示。因为相对湿度是以质量为单位进行测量，不涉及体积，所以它不受气温和气压变化的影响。

水蒸气质量与一定体积空气的比率叫做绝对湿度，通常用克每立方米表示（ 1 gm^{-3}=0.046 盎司每立方码 ）。

水蒸气质量与包含水蒸气的一定空气质量的比率叫做比湿度。由于水蒸气占空气总质量的比例小，所以总质量是否包含水蒸气不会对湿度产生多大差别。因此，相对湿度和比湿度尽管计算方式不同，但实际结果几乎一样。

天气预报所说的湿度通常指相对湿度，这是空气中的水蒸气在一定温度下所占最大量空气的百分比。当相对湿度达到100%，空气处于饱和状态，水蒸气会冷却形成水。我们用湿度表来测量空气的湿度。湿度表有两种，一种是用指针和刻度盘显示湿度值，另一种是用电子数字显示湿度值。家用的湿度表显示的是相对湿度值。

稳定和不稳定的空气

空气必须冷却到相对湿度达到100%，水蒸气才能冷却形成水滴，这样的温度叫露点，形成的小微粒叫做云凝结。小微粒一定要在水蒸气冷却的地方凝结（参见补充信息栏：潜热和露点）。当水蒸气冷却形成水的时候，冷却时释放的热量叫做潜热。潜热会使周围的空气变暖，有时会增加浮力，使上面密度大的空气下降。然后下降的空气绝热升温，有时足可以使空气里面的水蒸发。水蒸发会吸收周围空气里的潜热，使周围空气变冷，这样空气下降的速度更快。

补充信息栏：潜热和露点

水以三种形态存在：气态（水蒸气）、液态（水）或固态（冰）。水以气态形式存在时，分子可以向各个方向自由运动。以液态形式存在时，分子形成分子链。水以固态形式存在时，分子形成紧密的圆形结构，中央留有一定的空间。水温冷却时，分子间距离缩小密度加大。在海平面气压条件下，纯水在 39℉（4℃）时的密度最大。在这个温度以下，水分子开始形成冰晶。由于冰晶中心有一定的空间，因此冰的密度没有水大。在质量相同的条件下，冰的体积要大于水的体积。所以水在结成冰时体积增加并且漂浮在水面上。

分子依靠正负电子的吸引而连接在一起，要想打破这种连接，必须有足够的能量——潜热。分子吸收潜热打破连接时温度不会上升，在重新形成连接时分子释放出相同数量的潜热。在 32℉（0℃）时将 1 克纯水（1 克 = 0.035 盎司）从液体变成气体需要 600 卡（2 501 焦耳）的热量。这一数值是蒸发潜热。当水汽凝结时，同样数量的潜热被释放出来。结冰或融化所需要的融化潜热是 80 卡/克（334 焦耳/克）。冰直接升华成水汽会吸收 680 卡/克（2 835 焦耳/克）的潜热，是融化潜热和蒸发潜热的总和。水汽直接变成冰的凝华过程则释放出等量的潜热。潜热受温度影响很大，因此在引用潜热值时应指明其温度值。我们在这里一律使用 32℉（0℃）。

潜热的来源是周围的空气和水。当冰融化或水蒸发时，周围的空气失去能量温度下降。这就是为什么冰雪融化时天气会变冷而我们人类在汗水干了的时候会觉得凉快。

空气上升过程中温度下降，水汽凝结释放出潜热使周围空气继续受热上升。这一过程导致带来暴雨的云层的形成。

暖空气比冷空气蕴含的水分子量多。当气流冷却时，其中的水汽会凝结成液体小水珠。导致这一变化的温度被称为露点。当温度降到露点时，物体表面就会有露水出现。

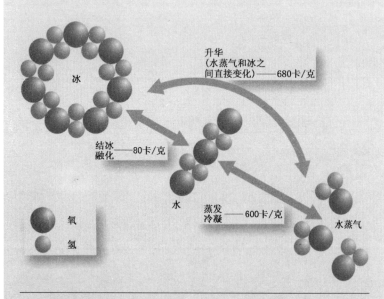

图25 潜热
当水由气体转变为液体，又从液体转变为固体时，氢分子的分裂与形成会通过潜热释放和吸收能量。

温度达到露点时,空气中的水汽呈饱和状态。空气达到饱和状态时所含有的水汽质量为相对湿度(RH),写成百分数。

如果你乘坐过飞机,你会看到空中的云像雾一样,悬浮于空中一动不动,然而,云里面发生着复杂的变化(参见补充信息栏:蒸发、冷却和云的形成)。

在不稳定的空气中,云是相当不稳定的。如果你坐飞机穿过或经过积云,空姐就会建议你系好安全带,因为强大的空气垂直气流会使飞机上下颠簸,造成很大震动。但是不大可能遇到真正大的雷雨云。因为雷雨云中的电磁场会使飞机上的指南针和其他仪器失灵,垂直气流也会使飞机失控或使飞机断裂,所以飞行员出于安全考虑一定要避开雷雨云。

补充信息栏:蒸发、冷却和云的形成

空气上升时绝热冷却。若空气干燥,它就会按照每上升1 000英尺,气温下降5.5℉(每公里10℃)的干绝热直减率降温。在穿越高地如山或山脉时(见图26中1),或在锋面处遭遇高密度的冷气团时(见图26中3),移动的空气被抬升。局部看,当地面受热不均时,空气也通过对流上升(见图26中2)。

大气温度在凝结高度降低到露点。当空气上升超过凝结高度时，里面的水汽开始凝结，释放潜热，空气增温；如果空气还继续上升，一旦空气相对湿度达到100%，它就会按照每上升1000英尺，气温下降3℉（每公里6℃）的湿绝热直减率降温。

水汽凝结在小颗粒云凝结核（CCN）上。如果空气中的云凝结核由易于溶解于水中的小颗粒（吸湿核）组成，如盐晶和硫酸盐颗粒，水汽的凝结湿度就会较低，为78%。如果空气中含有不能溶解的物质，如灰尘，水汽就会以100%的相对湿度凝结。虽然云中相对湿度很少超过101%，但如果没有云凝结核，相对湿度就会超过100%，达到过饱和状态。

云凝结核直径从0.001 μm至10 μm大小不等，但只有空气处于极度过饱和状态时，水才在最微小的颗粒上凝结；最大颗粒过沉，不能长期悬浮在空气中。当云凝结核直径平均为0.2 μm（1 μm=1/1 000 000米=0.000 04英尺）时，水凝结效率最高。

起初，水滴因凝结核大小不等也有所不同。之后，水滴开始变大，但也会因为蒸发丧失水分，因为凝结会释放潜热，从而使空气升温。有一些水滴冻结成雪花，降落到云层中较低且温暖的区域时，就会融化。当然还有一些大水滴互相碰撞，融合成一颗颗小水滴。

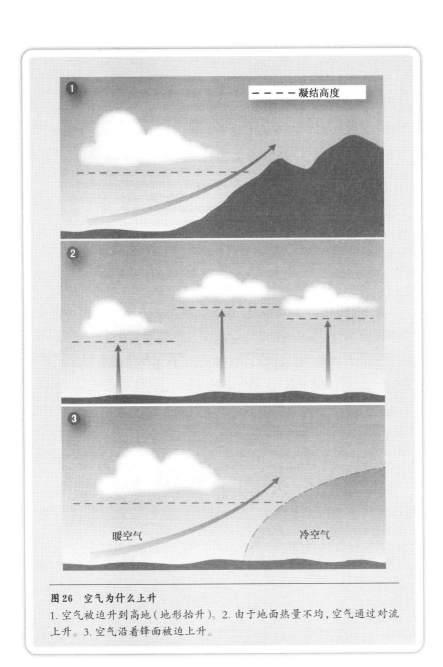

图26 空气为什么上升

1.空气被迫升到高地(地形抬升)。2.由于地面热量不均,空气通过对流上升。3.空气沿着锋面被迫上升。

产生于风暴中

凝结高度是在云的底部。在凝结高度，上升空气变冷达到露点温度，形成水滴。空气仍然急剧上升，释放潜热使空气变暖，因而上升的速度更快。形成于非常温暖、潮湿空气中的塔状云在冷却过程中释放潜热，在低纬度地区形成哈得莱环流圈（参见补充信息栏：乔治·哈得莱和哈得莱环流圈）。在雷雨云中，空气通过对流上升，绝热冷却，水蒸气凝结成水。

最后，上升的空气冷却形成水滴，然后结成冰，但仍然释放更多的潜热。当上升的云变得更大更重，冰晶体开始下落，相互碰撞，裂成碎片，在低空融化，但是又一次被上升的气流带到高空。所以水滴又结成冰，下降到一定高度又开始融化，然后又结成冰。这一过程一次又一次地反复，这样汇集了越来越多的水。这就是冰雹的形成过程。如果凿开一块大冰雹，你会看见冰雹像洋葱一样，是一层一层的。当冰雹太重以至于上升的气流承载不住时，冰雹从云中落到地面。在冰雹暴中落到地面的冰雹块越大，表明云中的上升气流越强，云也就越高。

在雷雨云中，上升气流和下降气流同时存在，经常是从水蒸气变成液体，再从液体变成冰，或者从冰变成液体，再从液体变成水蒸气。冰颗粒由于相互碰撞四下分散，分解成大水滴。小冰粒和水滴需要正电荷上升到云顶。大冰粒和大水滴需要负电荷下降到云底。不久之后，云内开始分配电荷。正如图27所示，云顶是正电荷，云底是负电荷。

电不断地从电离层传到云的表面。在高度大约为55—125英

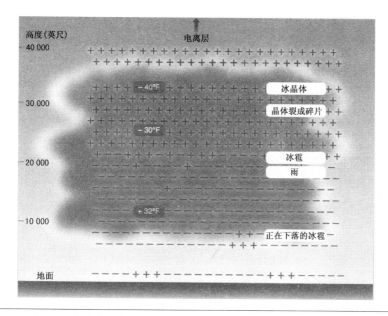

图27 雷雨云中电荷的分离

小冰粒和水滴需要正电荷上升到云顶,大冰粒和大水滴需要负电荷下降到云底,这样在云中分离了电荷。闪电在正电荷和负电荷之间产生。

里(90—200公里)的大气里,分子吸收短波太阳辐射,这样就给剥夺走原子核中的电子提供了能量。已经失去一个或多个电子的原子叫离子,或者说已经电离。所以用电离层来描述相当一部分空气已经电离的大气区域。带负电荷的电子向下移动,这样已经电离的原子核带正电荷,地球表面带负电荷。在雷雨云中,这种电极相当强。云主要是强大的负电荷,地面是正电荷。

雷和闪电

空气是良好的电绝缘体,但是电磁场的强度可以超过每英尺

30万伏（每米100万伏）。当电磁场达到这一强度时，会在正电到负电之间产生放电现象，这是闪电。闪电会使周围的空气变热，所以空气会突然爆炸，这样就形成了雷。

正如图28所示，在同一云内可以从一个地方到另一个地方产生闪电，也可以从一朵云到另一朵云产生闪电，也可以在云和地面之间产生闪电。

闪电分几个阶段。第一阶段会使带负电荷的电子从云的底部下降，只要有电阻，带负电荷的电子就会从一个地方跳到另一个地方。在它跳动的时候，会与它相邻的空气电离，产生直径大约8英寸（20厘米）宽的电离路径。当它接触集聚在地面上的负电荷时，带负电荷的电子会与沿着相同电离路径向上回程的正电荷相遇，闪电就在这发生。

向下移动的带负电荷的电子和向上移动的带正电荷的电子使云中的电荷相抵消，接下来是第二阶段。第二阶段在云中较高处开始，也有一个回程，会产生更多的闪电，直到正负电荷的电子相遇，相互抵消。每次闪电一般闪3到4次，每次相隔50毫秒，持续约0.2秒。闪电携有1万安培的电流。

雷暴只能在相当大的塔状云中形成，它们经常从1 000英尺（300米）高空延伸到对流层顶。在某些地区，液体水需要达到这一高度才能够存在；在另一些地区，冰需要达到这一高度才能够存在，以便产生垂直气流，这样的积云在不稳定的空气中形成。

使空气上升的方法有多种，这里只解释了多数积云的形成（参见补充信息栏：云的分类），包括大多数雷暴云。然而，在热带海洋上空，产生雷雨云的气象系统内的对流有时强度很大，以至于整个气象系统比最大的雷暴表现得更强烈。这样也许会变成热带风暴，进而形成飓风。

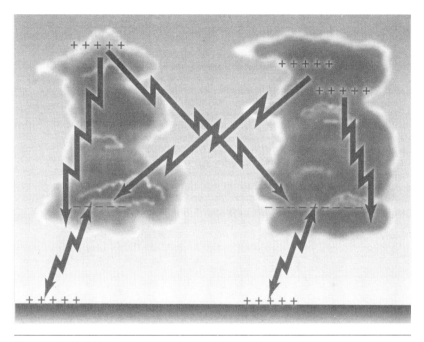

图 28　闪电的种类
在同一云内闪电可以从一个地方闪到另一个地方，也可以从一朵云闪到另一朵云，也可以在云和地面之间产生闪电。

产生于风暴中

飓风是如何开始的

2001年10月6日星期六，当"艾瑞斯"飓风经过多米尼加共和国时，造成3人死亡。第二天飓风猛烈袭击牙买加海岸，风速达到每小时85英里（137公里），树木被连根拔起，房檐被卷入空中。随后，"艾瑞斯"飓风越过宽阔的海洋，变得更加凶猛，风速持续达每小时140英里（225公里），达到4级飓风，直奔中美洲大陆。在星期一，飓风袭击了伯利兹，造成伯利兹城西南部大约80英里（129公里）范围土崩，许多房屋倒塌。然后，风暴迅速减弱。

随着风力的减弱和雨水的减少，天气开始转晴，风暴即将过去。风暴过后的一两个小时，面对破损物品的残骸、残垣断壁的房屋、不幸遇难者的尸体，惊恐的幸存者仍然心有余悸。飓风造成如此惨重的损失,那么飓风究竟是如何开始的?

从东面吹来的风波

信风相遇的地方永远是低压区,叫做赤道低压槽,它是北半球东北风和南半球东南风汇合的地区,也是空气强烈上升的地区(参见补充信息栏:热带汇流区和赤道低压槽)。低压槽随季节变化向北向南移动,但是究竟以怎样复杂的方式移动科学家还尚未清楚。飓风或者沿着赤道低压槽或者在赤道低压槽的附近形成。

飓风只能在温暖的水域上形成。海洋表面温度必须达到至少80℉(27℃),这就意味着飓风只能在夏末或秋天在热带形成。表面的空气由于接触海面而变暖,所以膨胀上升。如果一定区域的海洋比别的地方温暖,那么这地区的空气就会比周围的空气上升得更高、更快,这一地区会产生低气压。温差相当小,这是因为热带吸收太阳能很多,这样空气移动得很快。气温和气压在整个区域内基本保持不变。

温暖的水域和低气压在热带很常见,其中南部的信风比别处的信风强烈,这样南部的信风推动赤道低压槽向北移动,形成风波(也称之为"扭结")。另一些是在热带雷暴中形成,然后向西移动。

在海洋上,雷暴形成高空低压槽,中纬度地区强有力的气象系统形成移向赤道的高空低压槽。如图29所示,从东面吹来的风波,即热带风波略微改变了信风的风向。

注意:东风波风向的改变使空气在北半球按逆时针方向旋转,呈曲线行进。图29没有显示南半球的东风波,南半球的东风波是按顺时针方向行进。这种流动方向叫做气旋式流动,因为空气环绕

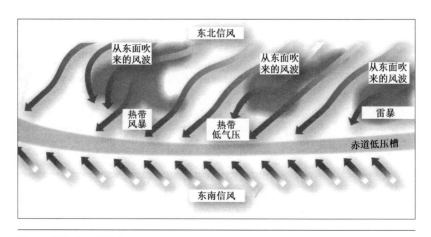

图29 热带风暴的形成

从东面吹来的信风产生地面低气压,低气压加剧,形成热带低气压,然后形成热带风暴。

气旋或低压区循环(参见补充信息栏:克里斯托夫·白·贝罗和他的定律)。低压槽中心气温比周围空气气温低,因为低压槽中心的空气是从高纬度地区流向赤道的空气,这就造成环境直减率急剧变化,增加了低压槽下面空气的不稳定性(参见补充信息栏:温度直减率和稳定性)。向上的空气加速,在表面产生低气压。由于从高空低压槽东侧来的气流的分散,空气向高处上升。

最初,气压的下降足可以使向前行进的风波后面造成雷暴。如果低气压持续几天,我们就称它为热带扰动。大多数热带扰动不会造成伤害。但是有些在向西行进过程中会增加强度,变成热带低气压,同时风速上升到每小时38英里(60公里)。然后变成热带风暴,风速上升到每小时73英里(117公里)。热带风暴再进一步加剧,就会形成大规模的飓风。

上升的空气

空气必须急剧上升,热带扰动才能够形成。在热带,温暖空气不断上升,进入大气,然后冷却、下降、形成信风返回赤道。当空气到达最高点,就开始冷却、下降。空气下降的时候绝热升温,这样高空空气比下面的空气温暖,这是逆温。因为逆温与信风有关,所以叫做信风逆温。信风逆温多数时候都存在。

通常,上升的暖空气在冷空气下面,这样限制了雷雨云形成的高度。如果雷雨云受极强的上升气流的驱使而急速增长的话,那么就会穿过高空逆温,这时形成高达40 000英尺(12公里)的塔状云,产生强烈的热带低压风暴。

如果热带风暴要发展为飓风,高空低压槽的气压必须继续下降,直到到达接近对流层顶的56 000英尺(17公里)高处,可以明显确定为气旋。不断加剧的低气压吸引更多的空气向上升,风速加快,更多的空气进入正在上升的空气柱。

空气从高压区流向低压区,但不是呈直线流动。受科里奥利效应的影响(参见补充信息栏:科里奥利效应),空气旋转到北半球右侧,直到流到高气压或低气压中心四周。空气在高气压周围按顺时针方向循环,在低压区周围按逆时针方向循环。这一现象是荷兰气象学家克里斯托夫·白·贝罗于1857年发现的,我们称它为白·贝罗定律(参见补充信息栏:克里斯托夫·白·贝罗和他的定律)。

1857年，荷兰气象学家克里斯托夫·白·贝罗（1817—1890）发表了他关于大气压力与风之间关系的观测报告。他的结论是：在北半球，风以逆时针方向环绕低压区运动，以顺时针方向环绕高压区运动，而在南半球方向则相反。

可是，白·贝罗并不知道，就在几个月之前，美国气象学家威廉·费雷尔应用物理学定律研究移动的空气，通过计算已经得出同样的结论。白·贝罗知道后，当即承认这个新发现应该属于费雷尔。尽管如此，人们现在仍然称其为白·贝罗定律。根据这个定律，在北半球，如果你背风而立，低压区在你的左侧，高压区在你的右侧；在南半球，当你背对着风时，低压区在你的右侧，高压区在你的左侧（该定律不适用于赤道附近地区）。如图30所示。

这个定律是气压梯度力（PGF）和科里奥利效应（其缩写形式为CorF，有时人们也叫它科里奥利力，但因不涉及任何力，所以这样的叫法实际上是错误的）共同作用的结果。空气从高压区向低压区流动，就像水往低处流一样。坡的倾斜度（坡度）决定水流的速度。同样，高压区与低压区之间的压力差，即气压梯度，决定了空气流动的速度。重力是造成水往低处流的力，使空气跨越气压梯度流动的力叫做气压梯度力。

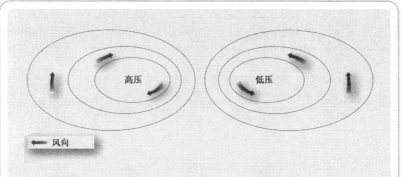

图30 气旋和反气旋流动

在北半球,风围绕高压中心按顺时针方向流动,这是反气旋流动;风围绕低压中心按逆时针方向流动,这是气旋流动。在南半球,这些方向正好相反。

在空气以直角向气压梯度流动的同时,科里奥利效应与空气流动的方向成直角发生作用,使其在北半球向右偏移,在南半球向左偏移。随着空气开始向右偏移,科里奥利效应逐渐减弱,直到与气压梯度力形成合力,使空气加速运动。科里奥利效应和空气移动的速度是成正比的,所以就又开始增强,使空气继续向右偏移。这一过程将一直持续到空气的流动方向与等压线平行(垂直于气压梯度)时。至此,气压梯度力与科里奥利效应方向相反,但因为量级相等,它们保持平衡。

如果气压梯度力较强,气流便会向左偏移并加速。这会导致科里奥利效应增强,使其再向右偏移。如果科里奥利效应较强,空气则会向右偏移得更远。于是,作用于相反方向的气压梯度力会使其运动速度减慢,削弱科里奥利效应,使得空气再偏回到左边。最终的结果就是使空气与等压线(气压梯度)平行移动,而不是跨越等压线。如图31所示。

在近地面处,与地表和物体的摩擦力使空气运动速度减慢,这就降低了科里奥利效应的量级(它与风速成比例)。于是,原有的平衡被破坏,气压梯度力增强,空气不再平行于等压线,而是与之形成角度。陆地表面高低不平,产生的摩擦力是最大的,风通常以45°角跨越等压线,而在海洋上的角度则是30°。

地表以上的风的流动与等压线大致平行,叫做地转风。

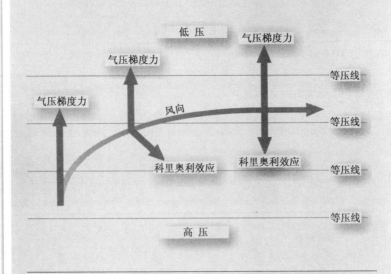

图31 地转风
气压梯度力和科里奥利效应保持平衡使风的流动与等压线平行。

在地表附近吸入低压区的空气在南半球低压区周围按逆时针方向流动，加剧了气旋循环。风速在增加，直到高压区和低压区产生气压差，风速才不再加速。当空气接近气旋中心时，空气向上旋转，进入高空气旋。空气的高度超过了3 000英尺（10公里）的低压中心。

风速在高空下降，气旋散开。当气旋直径超过125英里（200公里）时，空气比下面地球表面的空气旋转速度慢，然后由于散开的气旋从中心带走空气，空气循环变成反气旋。图32对低空和高

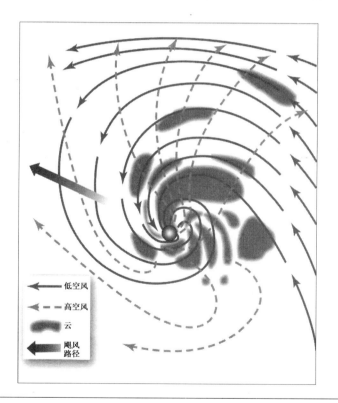

图32　飓风周围的风向
低空的风向内旋转，高空的风向外旋转，带走上升空气，所以保持空气垂直流动。

空的风和云图进行了比较。

如果表面低压区在副热带急流附近形成,不是直接在它下面形成,那么空气也许会在高空被带走。副热带急流通常在纬度30°地区,可以以每小时100英里(160公里)风速流动,风速与急流两侧的温差成比例。急流在夏天比在冬天离赤道远,但是风波在里面形成,有些风波甚至可达到热带。如果热带低压加剧,接近急流,高空中的风就会带走上升空气,促使高空空气散开。

通过带走上升空气,高空空气散开来吸引更多空气上升。尽管急流下面的空气被很快带走,大量有规律的上升气旋不能形成,因此飓风也不能形成。但是地表的气压还在继续下降,只是下降幅度不大。通常海平面平均气压为1 106毫巴,飓风的中心不低于980毫巴。然而飓风中心气压低于900毫巴的确实有过,世界上有记载的中心最低气压为870毫巴,是1979年10月12日发生的提普台风,气压降低尽管只有4%—10%,但是这已足够多了。

变成气旋

在热带,直径为400英里(645公里)以上、中心气压为950毫巴的表面低压区,气压很低,由于热带系统和中纬度系统的差异,所以热带的气压效果比中纬度地区大。中纬度气旋直径为1 000英里(1 600多公里),这样热带系统的气旋比中纬度地区小,所以气压梯度倾斜度比较大。如果空气流过比较浅的梯度,流入的空气就会加速。由于空气被吸入较小的区域,所以空气也比流入中纬度气旋的空气速度快。(参见补充信息栏:角动量守恒)

流入的空气和海洋表面之间产生摩擦力,这样减慢了风速,增加了空气越过等压线的角度。由于空气越过温暖海洋的时候,空气会使热量和水汽进入中心,这样加剧了对流。同时空气使雷雨云更密集在中心周围,使分散的对流圈更规范、集中。

在中心内部,在高空中没被吹走的空气正在下降,并绝热升温。飓风的中心——飓风眼明显的比周围的空气暖。旋转进入中心的空气已经很温暖,但是在空气靠近飓风眼时,气温持续上升。这增加了空气的浮力,更加剧了对流。

此时,巨大的雷雨云已经围绕中心形成。温暖、潮湿的空气被吸引到中心,旋转循环,一直上升到云顶,然后,向外散开,这样可以从下面吸引更多的空气。尽管它仍然是热带低压,但是中心有冷空气,比较暖的空气围绕冷空气循环。中心有阵雨,大部分天空阴云密布。

当中心的空气比周围的空气温暖的时候,天空放晴,只有些许云团,但没有雨,风速降到每小时10英里(16公里)。这样平静的中心,直径通常为20—30英里(32—18公里)宽,被看起像一堵坚固的城墙一样的云团团围住,中心已变成了飓风眼。

涡旋

当你拔下浴盆的堵水塞,你会注意到在水流动时,水开始旋转,形成旋涡。如果你仔细观察,注意水旋转的方向,你会发现水有时向右旋转,有时向左旋转。如果水在旋转的时候你搅动水,破坏旋涡,你会发现水还会重新开始旋转,只是这次水旋转的方向也许与刚才旋转的方向正好相反。水旋转的方向实际上是不确定的，偶尔水根本不旋转。

有人告诉你在北半球浴盆里的水会按逆时针方向旋转流走，在南半球会按顺时针方向旋转流走。他们还说如果你在赤道一侧洗澡，然后再转到赤道另一侧洗澡，你会发现在赤道南北的水会按不同的方向旋转。他们又说如果你正好把浴盆放在赤道上，水就根本不旋转。除此之外，他们会说有人亲自尝试并证实过这些做法。这就跟神话一样，人们易于轻信，难以丢弃，但是它是大错特错的。你不必费力气把浴盆搬到赤道去验证，就可以轻松地证明其错误所在。适用于数百公里宽的洋流和气团的规则，不能适用于小到浴盆这样的事物。要想自己亲自解开这个谜，你不妨每次放浴盆里的水时，看看浴盆里的水究竟发生了什么。

旋涡

从小规模的浴盆来看，流动的水受到旋涡的影响。任何流动的流体，如液体或气体，都会环绕一个轴转动，这就产生了涡旋。转轴也许是水平的或垂直的。拿浴盆来说，水向下流动，转轴与地球表面成直角。空气也是流体，当它移动的时候，它也产生涡旋，绕着垂直的转轴旋转，大大有利于飓风的形成。

当两股水流或气流并排朝同一方向流动时经常产生涡旋，那是由于流动的速度不同，因此产生了切力。流动快的水流或气流由于与流动慢的水流或气流产生了摩擦力，因而速度减慢，这就使流动快的水流或气流开始向流动慢的方向移动，驾驶划艇也可以产生类似的效果。要使船转弯，一个划桨要比另一个划桨用力，船就朝着用力小的划桨方向转。

如果你住在有座桥的河边，你同样会看到类似的事情。站在桥上，往水中央扔一根小棍，当然小棍会漂走，但是在它漂走的时候开始转动。棍子的旋转运动就是涡旋。如果棍子转动，它就有涡度，涡度的正负极取决于它转动的方向。如果物体不转动，它就具有零涡度。

然而，我们只是谈棍子的旋转运动而已，并没有解释棍子为什么旋转。要想理解这个问题，需要考虑棍子周围的水。从水面泛起的水泡和波浪可以看出，河里的水不是移动到一起的整体，它更像大量的水微粒，各个微粒以自己的方式运动，但是总体随大流运动。鸟群和蝗虫群的移动也是这样。如果你把它们拍下，用慢镜头看，尽管它们像河流一样以群体移动，但是各个鸟和蝗虫都按自己的方向移动，有时甚至与群体运动方向正相反。木棍漂浮在水上，并随水流移动，但是一侧水微粒也许比另一侧移动得快，靠近河岸的水要比中央的水流动得慢，是因为受到摩擦力的阻止，并且岛屿、大岩石和其他障碍物也产生摩擦力。这些速度的差异代表了河中水流的切力，这样使木棍转动。或者河流本身就呈曲线运动，这样河水沿曲线行进，曲线外部的水通常比曲线内部的水流动得快，这是因为曲线外部的水比曲线内部的水行进的路线长，这也产生了使木棍转动的切力。通常这两种共同作用产生涡旋。图33显示出切力是如何产生的。

正在转动的木棍放在小旋涡里。水中的旋涡很大，可能对小船造成危险。在希腊神话中，位于西西里半岛和意大利半岛之间的墨西拿海峡里的旋涡叫做卡律布狄斯旋涡，它被描写成潜伏于西西

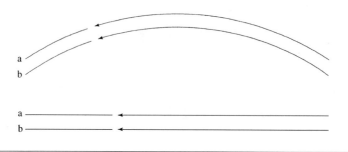

图 33　涡旋

在上面的例子中,上面的水流(a)比下面的水流(b)流动得快,因为在相同的时间内水流(a)要行走较长的距离。在下面的例子中,假设水流(a)比水流(b)流动得快,那么水流(a)和水流(b)的速度差会产生切力。

里半岛海岸波浪下的恶魔。卡律布狄斯女魔一天三次吞噬河水,然后再把水喷吐出来。水手们为了避免落入她的魔爪,绕道把船航行到意大利半岛海岸附近,这样又冒着被另一个名叫斯库拉女魔吞噬的危险。斯库拉女魔是个身高3.6米的六头怪物,她会吞噬任何过往的船只。事实上,斯库拉只是一块被淹没的岩石或暗礁。

也有其他的旋涡,每个旋涡都有各自的传说和故事。在挪威北海岸,靠近罗弗敦群岛西部,有罗弗敦大旋涡。法国科幻小说作家朱尔斯·凡尔纳和美国侦探小说作家埃德加·爱伦·坡在作品中都写了关于罗弗敦大旋涡的故事。另一个旋涡位于斯卡巴岛和侏罗岛之间的苏格兰西海岸,它也有自己的传说。强大潮汐水流受阻产生旋涡,潮水凶猛地流过狭窄的英国侏罗海峡,部分水流向左转,进入海湾,首先遇到海底的深洞,然后遇到高高的岩石。这些都会产生切力,使水流旋转。

旋涡只在水中形成,并且停留在同一地方。大气中也有类似的现象,它们可以在条件适宜的任何地方形成。大气的"旋涡"就是低气压或气旋,还有飓风和龙卷风。

移动空气中的涡旋

空气可以被描述成大量的微粒,像鸟群和蝗虫群一样朝各自方向旋转、移动。每个微粒都有涡旋。涡度由三个部分组成:量值、方向和旋转方向。量值相当于角速度的2倍(传统上用希腊语第24个字母 ω 来表示);方向是指微粒围绕轴旋转的水平或垂直方位;旋转方向是指按顺时针方向还是按逆时针方向旋转。大气的旋转涉及三个方面。

在北半球,按逆时针方向旋转的空气与地球的转动方向相同,这叫正涡旋。空气的旋转是气旋,因为空气环绕低压中心旋转。按顺时针方向旋转的空气,叫负涡旋。空气的旋转是反气旋,因为空气环绕高压中心旋转。南半球与此正好相反。图34显示了南北半球空气旋转的差异。白·贝罗定律描述了这种空气运动并解释了这种运动的原因(参见补充信息栏:克里斯托夫·白·贝罗和他的定律)。

有各种涡旋。切力使空气环绕自身的轴转动,这是自身的切力涡旋。它同时也环绕高气压或低气压中心转动,这是弯曲涡旋。这两个涡旋加到一起是空气的相对涡旋(用希腊语的第6个字母 ζ 来表示)。空气旋转是因为整个大气由于地球的旋转而运动,这是地球涡旋,地球涡旋随纬度变化。在赤道,赤道空气旋转的垂直轴与地球转动轴成直角,所以涡度为零;在南极和北极,南北极空气旋转的垂直轴与地球转动轴成直线,所以涡度最大。相对涡旋和地

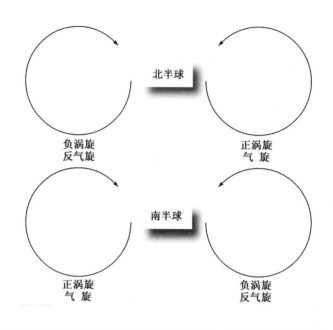

图34 南北半球正涡旋、负涡旋、气旋和反气旋的方向

球涡旋的总和,叫做绝对涡旋。

涡旋和恶劣天气

弯曲涡旋是空气环绕高压或低压的运动(参见补充信息栏:为什么刮风),空气旋转从高压中心流出,向低压中心流入。空气的移动速度(即风速)与系统内外的气压差(即气压梯度)成比例,这就是说相对涡旋随气压梯度而变。当中心气压低,周围环绕运行的空气涡度高时,天气通常恶劣。

当空气向内旋转,中心附近汇流区空气上升,这是受另一个物理特征的作用：即三维空间自由移动的流体的质量守恒。汇流减少了空气体积的水平维度，但增加了汇流空气的质量。事实上因为空气垂直扩展，所以空气的质量和体积保持不变。当空气离开某地，空气的分散作用，正好与空气垂直压缩、下降截然相反。

上升空气冷却，经常会产生云和降水。如果涡旋在对流层顶的空气中增加，经常造成地表气压下降，空气汇流。气象学家密切注意对流层顶附近的空气运动，如果他们检测到高空涡旋的增加，就能预测出地表气压下降及恶劣天气的来临。

科里奥利效应

白·贝罗的定律解释了为什么在北半球空气围绕低压中心按逆时针方向移动、围绕高压中心按顺时针方向移动，这就使人们假设在北半球离开浴盆的水是否会围绕旋涡中心的低压区按顺时针旋转。这种假使不会发生，因为这一理论只适用于比浴盆里的水量多得多并且是在地球表面移动的大量的空气和水。

当我们观察空气运动的时候，我们是在特定地点的某一固定位置上进行的。别忘了地球本身在自转，我们随地球的转动而移动。当你仰面躺在草坪上，凝视平静的夏日天空，感觉不到你正在随地球以每小时800英里（1 278公里）的速度在向东移动，这一数字远比地球带着我们以每小时48 000英里（72 000公里）的速度绕太阳运转少得多。

空气也随地球一起转动，但不会紧紧附着在地球表面，所以空气的移动速度与地球有所不同。如果气团从一个纬度移动到另一个纬度，它会与在原来的纬度上地表的移动速度大致相同，因为地球是一个球体，这一速度会与到达新纬度的地表移动速度不同。地球绕地轴旋转一圈需要24小时，但是因为不同纬度地区行进的距离不同，所以移动速度不同。因此，不同纬度的空气一定以与地面不同的速度行进移动。

在以前，人们就认识到地球的转动会影响地表上空空气的移动速度，但是直到1835年法国物理学家、工程师加斯帕尔德·古斯塔夫·德·科里奥利才发现了其原因。现在我们称之为科里奥利效应（参见补充信息栏：科里奥利效应）。其程度从赤道地区为零到极地地区为最大而有所变化。

补充信息栏：科里奥利效应

在向赤道或赤道两侧运动时，除非物体紧贴地面运动，否则物体的运动路线不是直线而是发生偏转。在北半球时物体向右偏转，而在南半球时则向左。所以空气和水在北半球按顺时针方向运动，而在南半球则是按逆时针方向运动。

第一个对此现象做出解释的人是法国物理学家加斯帕尔德·古斯塔夫·德·科里奥利（1792—1843）。科里奥利效应由此得名。科里奥利效应在过去又被称为科里奥利力，简写为CorF。但现在我们知道这并不是一种力，而是来自地球自转的影响。当物体在空中作直线运动时，地球自身也在运动旋转。一段时间之后，如果从地球的角度去观察，空中运动物体的位置会有所变化，其运动趋势的方向会发生一定程度的偏离。这是由于我们在观察运动着的物体时选择了固定在地表的参照物，没有考虑地球自转的因素。

地球自转一圈是24小时。这就意味着地球表面上的任何一点都处在运动当中并每隔24小时就回到起点（相对于太阳而言）。由于地球是球体，处于不同纬度上的点的运动距离是不一样的。纽约和哥伦比亚的波哥大，或是地球上任何两个处于不同纬度的地区，它们在24小时中运行的距离是不一样的。否则的话，地球恐怕早就被扯碎了。

我们再举个例子具体说明一下。纽约和西班牙城市马德里同处北纬40°线上。赤道的纬度是0°，长度为24 881英里（40 033公里），这也是赤道上任何一点在24小时之内行过的距离，所以赤道上物体的运行速度都是每小时1 037英里（1 665公里）。在北纬40°线上绕地球一圈的距离是每小时19 057英里（30 663公里），这就意味在这一纬度上的点运行距离短，速度也较慢，约每小时794英里（1 277公里）。

现在你打算从位于纽约正南方的赤道地区起飞飞往纽约。如果你一直向正北方向飞行的话，你绝对到不了纽约（不考虑风向问题）。为什么？因为当你还在地面时，你已经以每小时1 037英里（1 688公里）的速度向东前进了。而当你向北飞行时，你的起飞地点也还在继续向东运行，只不过是速度较慢。从赤道到北纬40°的这段距离你大约需要飞行6个小时。在这段时间里，你已相对于起飞地点向东前进了6 000英里(9 654公里),而纽约则向东前进了4 700英里(7 562公里)。因此,如果你向正北方向直飞的话,你肯定不会降落在纽约,而是在纽约以东6 000-4 700=1 300英里(9 654-7 562=2 092公里)左右的大西洋上降落,大概位于格陵兰岛的正南方向。

图35 科氏偏转

移动的气团、风和洋流在北半球向右偏转,在南半球向左偏转。科里奥利效应在极地最大,在赤道不存在科里奥利效应。

科里奥利效应的大小与物体飞行速度和所处纬度的正弦函数成正比。速度为每小时100英里（160公里）的物体受科里奥利效应影响的结果要比速度为每小时10英里（16公里）的物体大10倍。赤道地区的正弦函数是sin0°=0，而极地地区是sin90°=1，因此科里奥利效应在极地地区的影响最显著，而在赤道地区则消失。

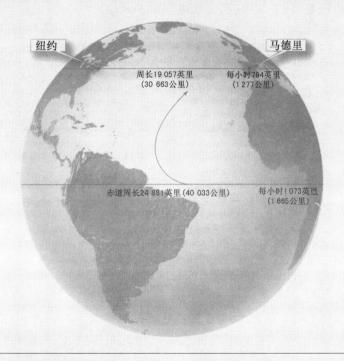

图36　科里奥利效应

在高纬度地区，从赤道飞往目的地的飞机轨迹看起来向东偏转。

角动量

当空气移动时，空气的相对涡旋会使空气越来越旋转，直到形成一个圆周，这时空气就具有了角动量。角动量取决于空气的质量、空气的角速度和空气移动路线的圆周半径。角动量守恒是另一个物理特征（参见补充信息栏：风力和蒲福风级别）。如果圆周小，角动量守恒就会使空气移动速度快。飓风发生的时候，周围的空气向中心旋转，风速加大，接近于飓风眼的风速。

补充信息栏：角动量守恒

假设一个物体围绕其轴心旋转，就能测出物体的质量、旋转的半径和旋转的速度。物体旋转的速度叫做角速度，可以用物体在一定时间内旋转的度数来测量。例如，地球在24小时内旋转一周，旋转了360°，所以地球每小时的角速度是15°（360÷24），角速度通常用每小时弧度或者每秒钟弧度来表示。弧度是圆周上两个半径间的角度，弧的长度与半径相等，所以一个圆周的周长是2π弧度（$2\pi r$），1弧度 =57.296°。

把质量M、半径R和角速度V这三个值相乘，得出的结果叫做角动量。M、R和V是变量，可以变化，但是角动量是常数，必须保持一致。

这就是角动量守恒，这一定律表明如果一个变量改变，其他的一个或者两个变量也必须改变，以便常数保持一致，这种变化完全是自动产生。

　　跳舞或滑冰的人在单脚着地旋转时，运用了角动量守恒。他们双手向外伸展开始旋转。身体的中心（旋转的轴心）和两个手指尖的距离就是身体形成的圆周的直径，它的一半就是半径。随着手臂慢慢地向身体方向收拢，旋转的半径也在缩小，从图37可以看出，外面的圆周是伸展手指时形成的圆周，里面的圆周是收拢手臂时形成的圆周。

　　如果三个变量中的一个已经减少，那么其他的一个或者两个变量必须增加，以便常数保持一致。正在旋转的人的质量不可能改变，所以角速度必须改变。角速度随着旋转半径的减少而增加，就是说，旋转的速度加快了。

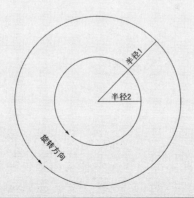

图37　角动量守恒
如果旋转半径由半径1减少到半径2，那么旋转体的质量和角速度必须成比例增加。

直径大约为400英里（644公里）的热带气旋，其低气压总量只相当于中纬度地区低气压的一半，其中心气压比中纬度地区中心气压低得多。与潮湿的低气压相比，猛烈的风暴受倾斜的气压梯度影响，这就加速了空气向中心旋转的速度，所以空气进入气旋时，速度已经很快。空气越接近中心，旋转的半径就越小。角动量守恒使角速度加快，风也随之加速。这就是飓风眼周围的风速比离飓风眼较远地区的风速快的原因。

涡旋和角动量守恒解释了飓风眼周围风猛烈的原因，科里奥利效应解释了风吹动的方向、飓风不在赤道附近形成的原因及飓风形成后的行进方向。

飓风内发生了什么

随着周围高气压地区的空气逐渐流入热带低气压，低气压加剧，低气压系统开始运转，形成明显的低气压结构。当热带低气压发展成热带风暴，然后再发展成飓风的时候，低气压系统维持着飓风的存在。

飓风的能量巨大，打个比方说，飓风拥有的平均能量相当于1883年印度尼西亚南部的喀拉喀托火山喷发所释放的能量的10倍，相当于美国西南部科罗拉多河下游的胡佛水坝日产能量的10 000倍。飓风所释放的能量相当于大约燃烧7 000万吨煤的能量，或者相当于引爆大约210个每个具有百万吨当量的热核武器的能量。飓风一次释放的能量足可以供纽约城所有的街灯使用

27 000年。令人遗憾的是，人们还没有找到什么有效的方法，使飓风巨大的能量造福于人类。

飓风的构成

科里奥利效应使行进的空气环绕低压区旋转，但是空气的这种运动受到风和海洋之间的摩擦力作用。摩擦力会减慢风速，使科里奥利效应（科里奥利效应与风速成比例）减弱，所以气压梯度力比科里奥利效应略微大些，风就向低压区中心旋转（参见补充信息栏：为什么会产生风）。与海洋的摩擦力也产生大量的水花，溅起的小水珠在温暖的空气中蒸发，与海洋表面受热蒸发的水汇合到一起。

补充信息栏：为什么会产生风

在冬天，如果你坐在炉火旁取暖，你会注意到炉火中含有大量热量的空气从烟囱冒出，吸引地表的冷空气来替代热空气，这样就产生了气流，也就产生了风。如图38所示，假设火是在户外，站在火旁边的人能感觉到风正向火的方向吹，这就是人们脸部和身体前面感觉暖、后背感觉凉的原因。

风朝着空气上升的地方吹，空气上升时，会在地表产生低压区，所以风被看做是空气从高压区移向低压区。空气从高压区移向低压区的速度与气压差成比例，气压差会产生气压梯度。气象图上，等压线把气压相同的地点连接到一起，

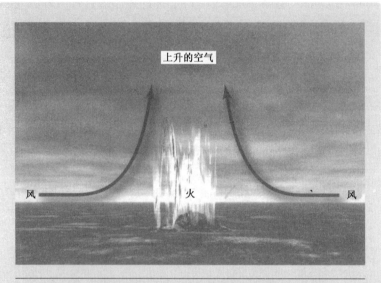

上升的空气

风　　　火　　　风

图38　风是怎么产生的

等压线间的距离表示气压梯度的倾斜度,就跟平常地图上的等高线一样。从高压到低压的气压梯度倾斜度会施加气压梯度力(PGF)。

地球的自转会产生科里奥利效应(CorF),这样在北半球移动的空气向右偏斜,在南半球向左偏斜,与气压梯度力形成直角。科里奥利效应与空气移动速度成比例,如果空气移动速度加快,科里奥利效应就增加。在没有摩擦力的情况下,气压梯度力和科里奥利效应平衡,风会朝着与等压线平行的方向吹。

空气与陆地或海洋表面产生的摩擦力减慢了空气的移动

速度,但是不会改变气压梯度力。摩擦力的方向与风向相反,由于摩擦力的作用,风速减慢,科里奥利效应也随之降低,这样气压梯度力就会大于科里奥利效应。如图39所示,风与等压线成直角,向低压中心方向移动。由于受到气压梯度力和粗糙的地面的影响,风在10°和30°之间越过等压线。

此时,空气旋转进入低压中心。由于旋转,空气又具有了角动量。每旋转一周,圆周的半径就会减少,因此要保持角动量守恒,就得增加风速。

风的产生是因为空气在气压梯度力的作用下从高压区移向低压区,科里奥利效应使移动的空气产生偏离,摩擦力使空气速度减慢。这些作用力的平衡造成风向内旋转,当风接近低压中心时,角动量守恒加速了风的速度。

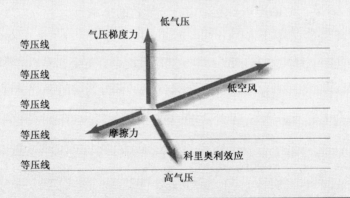

图39 地面风
气压梯度力与等压线成直角,移动的空气受科里奥利效应作用而产生偏离、受摩擦力作用而速度减慢,结果风吹过等压线。

空气向中心旋转,与海洋表面接触受热变暖,空气膨胀、上升。由于大量热带海洋水及摩擦溅起的水花受热蒸发,空气在一定高度范围内处于潮湿状态。上升的空气绝热冷却(参见补充信息栏:绝热冷却和绝热升温),水蒸气开始冷凝。冷凝释放潜热(参见补充信息栏:潜热和露点),空气在接近中心的时候,继续加速向中心旋转(参见补充信息栏:角动量守恒),空气继续上升,水蒸气继续冷凝。

这种强烈的对流以每小时30英里(48公里)的速度上升,会产生高达50 000英里(15.25公里)的积雨云,产生雷暴。云下面常常下着倾盆大雨,并伴有冰雹。

在云顶,风速急剧下降,空气的移动速度会下降到比地球的转动速度还慢。这时,又一次由于科里奥利效应,风开始反气旋移动(在北半球按顺时针方向),云沿着弯曲的路线行进。从太空拍摄的图像来看,这时的飓风看起来像一个旋转的星系。

反气旋循环会带走及分散很多上升的空气,但不是所有的空气。又一次高空高压区的一些空气在涡旋中心下降,下降时绝热升温,气温上升增加了水容量。如果周围一部分云被卷到涡旋里,云中多数小水珠会蒸发。在飓风眼中空气温暖,天空呈现蔚蓝色。狂风和大雨过后,飓风眼相对平静,空气明显变暖,飓风眼内的温度比飓风外高出几摄氏度。

飓风眼和飓风眼壁

在风暴的中心和上部地区,飓风眼内外的气温差很大,这种温差会对气压造成相当大的差异,增加了飓风的能量。

尽管空气在下降,飓风眼中表面气压最低,经常比飓风外的气压低50多毫巴。在最猛烈的飓风级别中,飓风眼的气压是920毫巴或低于920毫巴。海平面平均气压为1 013毫巴,飓风眼气压比海平面平均气压低96毫巴。当飓风发生时,气压以每英里3毫巴(每公里1.9毫巴)的速度下降。如果风暴以每小时20英里(30公里)的速度行进,这就意味着气压每分钟降低大约1毫巴。飓风眼中的气压下降意味着空气对海洋表面的压力减少,这使海洋表面比周围海平面升高3英尺(1米)。经常通过把飓风眼中心的温度和气压与不受飓风系统影响的地区的温度和气压做比较,来测量飓风的能量。

空气向外流动叫做大气分散;空气向内流动,叫做大气汇流。风暴上面的大气分散会增加地表的大气汇流,这样风更加猛烈,空气向上旋转增强,造成水蒸气冷凝和潜热释放。上升空气不断补充风暴上面的空气,继续维持高气压。风暴只要有充足的水供给,并且不断从下面受热,就会不断地积蓄能量。

塔形积雨云环绕飓风眼形成圆周路线并从海平面一直延伸到对流层顶,这是飓风的暗眼壁,经常有部分断裂的云向下移动,这是飓风最猛烈的地方。正如下面飓风断面图40所示,在眼壁的上方,大气分散带走的空气中的水蒸气冷凝,形成冰晶体的卷云和卷层云。在飓风的卫星图像上,可以看见这些清晰的高空薄云,它正从云团边缘向外旋转。

云带

总的来说,可能有多达200个塔状积云,它们是雷雨云,会产

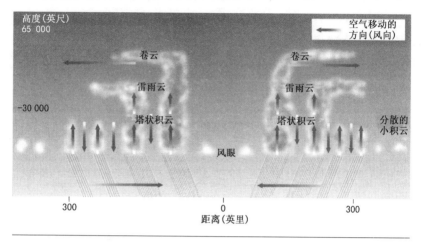

图40 飓风断面图

生风暴,并造成暴雨和冰雹,并有雷鸣和闪电。一些风暴极其狂暴,会引发龙卷风。

云以带状形式存在。眼壁云被无云带包围,无云带又被另一个圆形云带包围。再往外又被一个无云带包围,接着又被另一个云带包围。云离中心越远,云就越来越少,越来越分散,空气就越来越晴朗。

任何时候,云带遮蔽的地区有15%的可能性会下雨或下冰雹。无云带的天气干燥,没有蔚蓝的天空。风暴顶端大气在分散,这样云满天密布。

在直径为400英里(644多公里)的飓风范围内,塔状云遮盖不到1%的天空,然而正是这些塔状云构成了风暴的中心。它们像发动机一样,释放潜热,产生温暖中心。没有这一中心,飓风就不能形成。在云带之间的无云带,被卷走的空气正在下降,绝热升温,进入地表的低压系统。

飓风的风力

雷雨和冰雹在飓风中很常见。然而,一谈起飓风,人们不能不想到风。风是飓风最重要和最显著的特征。

风力是由19世纪初一位英国海军上校设计的风级来测量的(参见补充信息栏:风力和蒲福风级别)。那时,皇家海军认为有必要为英国海军指挥官提供预测风力的简单方法,以便制定具体航程。如果在有狂风的天气远航的话,船舶会严重受损,甚至会沉没。如果航程太短,又不能完成追击敌人的任务。那时船舶没有测量风速的仪器(叫做风速计),即便有,人们也怀疑普通的风速计能否承受得住飓风的巨大风力。风级也提供了检验船长航行业绩的方法,因为航行中的一切事情都得记录在航海日志里,返回港口后上交。回到海军部的有经验的水手通过检测根据风力所设定的航程,能够判断战舰运作是否正常。

补充信息栏: 风力和蒲福风级别

蒲福氏风级

风力级数	风速 英里/小时(公里/小时)	名　称	陆地地物象征
0	0.1(1.6)或更少	无级风	静,烟直上
1	1—3(1.6—4.8)	软　风	烟能表示风向
2	4—7(6.4—11.2)	轻　风	人面感觉有风,树叶有微响

风力级数	风速 英里/小时（公里/小时）	名　称	陆地地物象征
3	8—12（12.8—19.3）	微　风	树及微枝摇动不息，旌旗展开
4	13—18（20.9—28.9）	和　风	能吹起地面灰尘和纸张，树的小枝摇动
5	19—24（30.5—38.6）	清劲风	有叶的小树摇摆，内陆的水面有小波纹
6	25—31（40.2—49.8）	强　风	大树枝摇动，电线呼呼有声，撑伞困难
7	32—38（51.4—61.1）	疾　风	全树摇动，大树枝弯下来，迎风步行感觉困难
8	39—46（62.7—74）	大　风	可折毁树枝，人迎风步行感觉阻力甚大
9	47—54（75.6—86.8）	烈　风	烟囱及平屋顶受到损坏，小屋遭受破坏
10	55—63（88.4—101.3）	狂　风	陆上少见，可将树木连根拔起，将建筑物吹坏
11	64—75（102.9—120.6）	暴　风	陆上很少，树被连根拔起吹离原地，汽车翻转
12	多于75（120.6）	飓　风	陆上绝少，其摧毁力极大

蒲福风级别不难使用。只要向窗外看，就会预测出蒲福风力，这是它的最大优点。当风力达到12级、风速超过每小时75英里（121公里）的时候，就被划分为飓风。如果风速小于每小时75英里（121公里），就不是飓风。最猛烈的飓风，风速可以超过每小时155英里（249公里）。美国气象局把飓风分为5个级别，即从风速为每小时75英里（121公里）的一级飓风到风速超过每小时155英里（249公里）的5级飓风（参见补充信息栏：萨菲尔/辛普森飓风级别）。

海上风暴

在海洋上，风掀起巨浪，溅起层层浪花，人们遥望地平线，海天相连，难以分辨哪里是海哪里是天？飓风会产生强烈的大风，飓风的风速是不定的。风速为每小时110英里（177公里）的大风会掀起30英尺（9米）高的海浪。即使最大、马力最强的航船也不能在这样的风暴中幸存下来，但是偶然也会死里逃生，幸免于难。

1944年，行驶在菲律宾海的美国战舰由于不了解那里的猛烈台风的位置和移动方向，径直驶向风中心。根据白·贝罗定律，水手知道在北半球如果他们背对着风，风暴中心就会在他们的左侧。气象军官自认为知道风暴的确切位置，确信风暴将会远离战舰。等到指挥官发现自己的错误时已为时太晚，他的船没有远离风暴，而是开到了风暴中心，他们不得不在70英尺（21米）高的巨浪和每小时115英里（185公里）风速的大风中挣扎。结果3艘驱逐舰沉没，船上146架飞机沉入海底，790名水手丧生，剩余的船只严重受损，不能继续执行任务。

如果船只别无选择，只能驶向飓风，最安全的是在最靠近赤道（南北半球）的行进路线一侧通过。在这一侧面，风在北半球按逆时针方向环绕飓风眼转，在南半球按顺时针方向转。这种风会把船只吹到风暴后面，这叫可航半圆。在另一侧面，风的吹动方向由于与风暴行进的路线方向相同，风势会更加强烈，会把船吹到风暴的前面，有沉船的危险，这叫危险半圆。

风产生的海浪从风暴中心向外移动。当风暴经过海洋时，继续产生海浪，与以前的海浪汇聚在一起。但是只要飓风在运动，海浪的方向就在不断变化，所以一浪越过一浪，特别是飓风眼后面的海洋看起来就像沸腾的水一样。海洋的这种扰动影响范围很大。

风暴结束

由于强烈地释放大量能量，飓风不可能维持太久。大多数飓风在风速减弱之前，只能维持二三天。即将消失的飓风继续保持低气压，低气压会造成强烈的大风，造成相当大的破坏，甚至不次于飓风的破坏力，但是这时已不是飓风了。

云围绕温暖的中心旋转这一结构足可以维持飓风存在二三天，这一结构受三个条件的影响。风暴控制不了这些条件。

第一个条件是海平面温度必须高于80℉（27℃）。如果海平面温度降到76℉（24℃）以下，就不会有足够的热量来维持产生塔状积云的对流。飓风移进高纬度地区，越过较冷的水域，就会丧失热能。

第二个条件是当水蒸气冷凝时，一定要释放充足的水蒸气。如果风暴在陆地上空移动，就会丧失水分。

第三个条件是必须有高空反气旋来分散上升的空气,因而从下面吸引更多的空气。反气旋也许会减弱或飘走,或者飓风也许从下面移动。

当热带风暴加剧时,如果三个必要条件同时在同一地点存在,那纯属偶然。几天之后,一个或另一个条件会消失,那么飓风就会迅速减弱,乃至消失。

四
飓风、台风和气旋

美国和加勒比海的飓风

北大西洋平均每年爆发10次热带风暴，其中6次转为飓风，而这6次中的2次飓风达到萨菲尔/辛普森飓风3级或3级以上（参见补充信息栏：萨菲尔/辛普森飓风级别）。

2001年非同寻常，爆发15次热带风暴，其中9次转为飓风，之中影响较大的有4次。大多数飓风发生在飓风季节末，即9月和11月之间。据记载，有3次飓风发生在11月。2001年的飓风中，没有一次越过美国西海岸，但是飓风"朱丽亚特"与美国海岸擦肩而过。飓风"艾瑞斯"和飓风"米歇尔"袭击了加勒比海中的岛屿。几乎转为飓风的热带风暴"阿力森"确实越过了美国，风暴引发洪水，对生命及财产造成很大破坏。

"阿力森"热带风暴

热带风暴"阿力森"于2001年6月初在北太平洋东部形成,然后越过中美洲,进入墨西哥湾。在6月5日进入美国得克萨斯州,风速由原来每小时50英里(80公里)增加到每小时60英里(96公里)。之后,在得克萨斯州东部减弱,又回到墨西哥湾,这时风暴又一次加强。6月11日越过路易斯安那州,6月14日进入北卡罗来纳州,在卡罗来纳州持续三天后,又回到大西洋,然后向北移动,最后在加拿大新斯科舍省沿岸消失。

热带风暴"阿力森"带来的风力不大,但是引起的洪水最大。超过30英寸(762毫米)的雨水猛降到得克萨斯州休斯敦附近的几个地区。大雨从得克萨斯州东部开始,沿大西洋海岸蔓延到濒临墨西哥湾的美国诸州,估计损失至少达五百万美元。

热带风暴不会对人的生命造成危险,但是引发的洪水造成最危险的天气灾害。热带风暴"阿力森"引发的洪水使41人丧失生命,其中得克萨斯州死亡23人,佛罗里达州死亡8人,宾夕法尼亚州死亡7人,路易斯安那州、密西西比州和弗吉尼亚州死亡各1人。

飓风"朱丽亚特"

飓风"朱丽亚特"在9月21日形成,9月30日越过墨西哥西北部的加利福尼亚半岛后,进入加利福尼亚湾北部。风暴在10月30日最后消失。据记载,飓风"朱丽亚特"风眼的最低气压可达923毫巴。

跟大多数飓风一样,飓风"朱丽亚特"最初是从东面吹来的风，之后发展成热带低压，在9月23日转变为飓风。随后风速逐渐加强，到9月24日风速达到每小时132英里（218公里），到9月25日达到每小时144英里（231公里）。飓风"朱丽亚特"被划分为4级飓风。

9月28日，当飓风"朱丽亚特"到达加利福尼亚半岛南端的圣卢卡斯角旅游胜地西部时，风速下降到大约每小时90英里（145公里）。9月30日在圣卡洛斯城附近登陆，这时风速已下降到每小时40英里（65公里）。下面的图41显示了飓风"朱丽亚特"行进的路径。

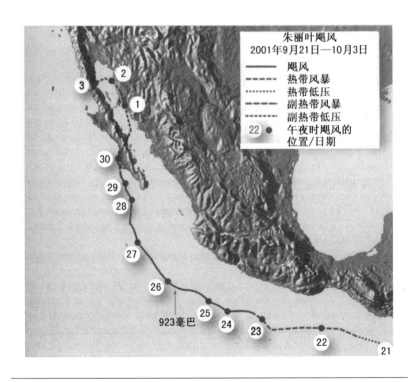

图41　飓风"朱丽亚特"行进的路径（2001年9月—10月）

飓风"朱丽亚特"在墨西哥内陆造成大雨,雨水冲毁了200多座房屋,夺走了2个人的生命。其中的一个受害者是来自美国科罗拉多州丹佛的游客,当时他正在圣卢卡斯角做冲浪运动,被强大的海浪吞噬;另一个是当地的渔民,他的渔船在阿卡普尔科附近倾覆。

飓风"艾瑞斯"

飓风"艾瑞斯"是小飓风,但很猛烈,在10月份袭击了伯利兹。它最初是从东面吹来的风,10月4日在向风群岛附近变成热带风暴。在10月7日袭击多米尼加共和国南部,造成3人死亡。接着袭击了牙买加,造成树木被连根拔起,屋顶被掀起。10月8日飓风"艾瑞斯"到达伯利兹的猴河城,风速保持在每小时145英里(233公里),飓风达到4级。风眼中心气压为948毫巴,造成13—18英尺(4—5.5米)的暴雨。

大风袭击了直径大约为15英里(24公里)的地区,灾害波及直径为60英里(96公里)的范围。风速为每小时70英里(113公里)的风力所造成的影响不亚于距离风眼145英里(233公里)的风速。在伯利兹一些地区,街道积满了雨水,许多人不得不撤离。一条船在伯利兹城附近的猴河倾覆,船上18人丧生。包括这18人在内,飓风"艾瑞斯"总共造成31人死亡。

飓风"米歇尔"

10月29日,另一个热带低压在尼加拉瓜东海岸附近出现,持续2天,倾盆大雨造成尼加拉瓜和洪都拉斯发生洪水。10月31日晚，热带低压移到加勒比海后开始加剧。到11月3日发展成为飓风"米歇尔"，这时风速增加到每小时140英里（225公里），飓风"米歇尔"被划分为4级飓风。到10月4日星期日下午，飓风"米歇尔"袭击古巴，风速减慢到每小时135英里（217公里），飓风"米歇尔"下降为3级飓风。当飓风"米歇尔"越过古巴内陆时，风速下降到每小时110英里（175公里），到星期日晚上，降为2级飓风，风力继续减弱。

飓风"米歇尔"在星期日午夜离开古巴，然后越过巴哈马群岛，向大西洋行进。

飓风"米歇尔"是近50年来袭击古巴的最猛烈的一次飓风，造成大范围的灾害。飓风"米歇尔"行进到只有500人口的索普里拉尔小镇附近海岸时，150户人家中有100家房屋被摧毁。在古巴总计有5人死亡，但是古巴不是唯一的受灾地区。在洪都拉斯，房屋被摧毁，道路和桥梁被破坏，有6人丧生。在尼加拉瓜有4人丧生，在牙买加有2人丧生。

飓风"奥帕尔"

幸运的是，在2000年和2001年，美国没有遭到飓风的猛烈袭击。尽管这两年发生许多飓风，但都没有到达沿海地区，但是以前美国可没有这么幸运。在1995年，飓风"奥帕尔"袭击了美国大陆。在1989年，飓风"雨果"从南卡罗来纳州挺进，肆无忌惮地袭击美国大陆，到达加拿大的拉布拉多。

美国是在10月5日晚6点左右遭遇飓风"奥帕尔"的。飓风"奥帕尔"从墨西哥湾向北移动，到达位于彭萨科拉和塔拉哈西之间的佛罗里达州的巴拿马城,整座城市狂风呼叫,暴雨倾泻。由于事先预测到飓风的来临,佛罗里达州、阿拉巴马州和密西西比州的州长宣布各州处于紧急防备状态,飓风即将经过的沿海地区和近海岛屿的居民被强制撤离,阿拉巴马州的彭萨科拉和莫比尔的所有公共建筑都被迫关闭,控制紧急防备设施的工作人员转移到地下防空洞,美国海军撤离了彭萨科拉空军基地的所有飞机。

飓风"奥帕尔"到达佛罗里达州时,风速在下降。飓风"奥帕尔"最猛烈的时候是在越过墨西哥的尤卡坦半岛,风速上升到每小时150英里(241公里),随后风速下降到每小时130英里(209公里)。仅10月5日一整夜,下了5英寸(127毫米)的雨,这一降雨量比彭萨科拉和塔拉哈西通常的降雨量3.5英寸(89毫米)多得多。

人们害怕的并不是大风或大雨,而是海洋。当大风把海水冲向海岸时,海洋水位上升,超出平常高潮位12英尺(3.7米)。海滨上的房屋被冲毁,码头上的船只挣脱开绳索,被抛向岸边。

风暴肆虐的海洋和大风在墨西哥和危地马拉造成50人死亡,在美国造成13人死亡。给佛罗里达州和阿拉巴马州造成大约10亿美元的损失。

飓风"奥帕尔"以每小时25英里(40公里)的风速继续向北移动,但是风速在减慢。在越过佛罗里达海岸约9小时后,距离阿拉巴马州的汉茨维尔东部55英里(88公里)处,重新被划分为热带风暴,但仍有大雨和强风。

飓风"奥帕尔"是1995年飓风发生期的第15次风暴(不是所有的风暴都可称为飓风),也是袭击墨西哥海湾的第9次风暴。其中几次风暴离陆地远,没有对陆地造成危害,但是如果飓风"奥帕尔"减弱的速度不这么快的话，也许会成为20世纪最猛烈的飓风之一。

风暴于9月27日形成于墨西哥的尤卡坦，到9月末风暴加剧，被划分为热带风暴。风暴继续加剧，在10月2日被重新划分为飓风。4天后飓风渐渐减弱、消失。持续4天是太平洋飓风的平均寿命。

在短暂的4天里，飓风"奥帕尔"直接向北移动。要是奥帕尔飓风再多持续几天，势力减弱成为热带风暴而不是飓风，那么它也许跟飓风"雨果"一样会向东行进。飓风"雨果"于1989年袭击了美国和加拿大，持续时间较"奥帕尔"飓风更长。如图42所示，飓

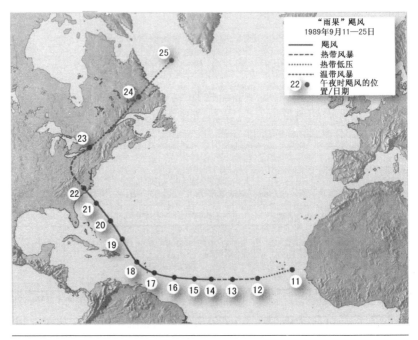

图42 "雨果"飓风的行进路径（1989年9月）

122

风"雨果"的行进路径比较复杂。

飓风"雨果"

飓风"雨果"于9月11日在北大西洋东部开始形成,离非洲海岸线不远(地图上的数字表示9月份日期及飓风在这些日期上所在位置)。第二天,形成热带低压,到14日形成热带风暴,到19日形成飓风。它最初向西行进,形成飓风后转向西北,在21日夜晚大约10点钟,以每小时29英里(47公里)的平均风速,越过美国南卡罗来纳州的查尔斯敦地区海岸线。到23日转向东部,在当日及第二天越过美国东北部。在陆地上行进时,由于远离了维持飓风存在的温暖海洋,所以当到达北卡罗来纳州时,飓风减弱,成为热带风暴。在24日穿过加拿大的魁比克和拉布拉多,25日又一次越过海岸线,进入北大西洋,向东北方向挺进,这时已转为温带风暴。

在北美洲东部行进过程中,飓风"雨果"风眼直径为30英里(48公里),是一个大的飓风眼。一般的飓风风眼直径不超过5英里(8公里)。飓风风眼大意味着整个风暴大,因为飓风旋绕风眼而形成。风暴越大,风力就越猛(参见补充信息栏:角动量守恒)。飓风"雨果"影响范围广,造成危害大,估计在美国造成105亿美元的损失。尽管幸运的是没有几个人丧失生命,但是从经济损失来看,这也许是美国历史上破坏力最大的一次飓风。

目前,美国的卫星监测系统可以提前预测飓风,警告人们做好准备。在飓风"雨果"来临之前,在查尔斯顿大约12 000人被撤离到防空洞。还有一些人,尽管知道北卡罗纳州的夏洛特是飓风行进的必经之路,但是仍然坚持停留在原地,不肯撤离到安全地点躲避起来。在美国大陆,飓风"雨果"只造成4人死亡,查尔斯顿1人,夏洛特1人,弗吉尼亚州2人。事实上,查尔斯顿很幸运,当时飓风"雨果"转向东,查尔斯顿正好位于风力不强的风暴左侧(风正朝着与飓风行进方向的相反方向吹,因而降低了风速)。如果飓风风眼再向南20英里(32公里)越过海岸线,查尔斯顿就会位于风力极强的风暴右侧(风暴会以每小时29英里(47公里)的速度行进,会增加风的旋转速度),那样后果不堪设想。

加勒比海群岛情况更糟,因为风暴就在其附近形成。风暴一旦形成,人们就来不及做准备。飓风"雨果"在9月17日首先到达背风群岛的法属瓜德罗普岛,然后抵达多米尼加岛。在9月19日到达美属维尔京群岛和波多黎各岛。在风暴到来之前,波多黎各及时警告船只立即撤离、机场立即关闭。美属维尔京群岛的圣托马斯岛和圣克罗伊岛位于风暴路径上,巡警采取行动,防止风暴造成巨大破坏,但是死亡率还是很高。瓜德罗普岛死亡11人,英属蒙特塞拉特岛死亡10人,美属维尔京群岛死亡6人,波多黎各死亡12人。

飓风"路易斯"

大西洋飓风向西行进,然后转向北,最后转向东,但不是所有的飓风都能到达美国。例如,在1988年,11次热带风暴产生于大西洋,其中5次转为飓风,而这5次中有3次风速超过每小时131英里(211公里)。在总计11次热带风暴中只有4次越过美国海岸线,其中的飓风"吉尔伯特"袭击了美国得克萨斯州,造成一些破坏,损失不大。如果飓风是在东部形成,那么其行进路径就会与佛罗里达州和卡罗来纳州海岸线平行,飓风就会保持在海洋上,陆地居民就不会受飓风的影响。这是因为陆地上的居民远离飓风风眼，或者说他们位于风速较低的飓风风眼的左侧（参见图1中的数据）。

这足以说明美国遭受飓风"路易斯"袭击的原因。美属维尔京群岛和波多黎各岛在1995年9月6日遭到飓风"路易斯"的袭击。飓风"路易斯"风眼直径为60英里（96公里），整个飓风直径为700英里（1126公里），可覆盖38 500平方英里（997 150平方公里）的面积，比1989年的飓风"雨果"大。风势不那么猛烈，但仍然达到每小时140英里（225公里）。

飓风"路易斯"以每小时大约12英里（19公里）的速度向西行进，袭击了法属瓜德罗普岛、美属维尔京群岛和波多黎各岛。跟往常一样，海上大风和暴雨对岛屿造成很大破坏，水涨到超出高涨位9英尺（2.7米）。在法属瓜德罗普岛，当一位法国游客在海岸拍摄时，巨大的海浪把他卷入海里。在加勒比海群岛这个著名的旅游胜地，航空公司、旅游公司和外国政府都向游客和当地居民发出飓风警告，英国托马斯·库克旅游公司把游客转移到巴巴多斯或美国佛罗里达州的迈阿密。英国驻外领事馆建议游客不要到这些地区旅游，或者如果游客已抵达此地，最好躲在安全地，听从当地政府的命令、安排。

波多黎各岛、美属维尔京群岛和中美洲国家比其他国家遭受更多的飓风袭击。例如，1995年9月的飓风"马里林"摧毁了维尔京群岛的圣托马斯岛上4/5的房屋，携带紧急救援设施的空中救援队看到圣托马斯岛上的所有建筑屋顶被风掀走。在风暴袭击时，只有在海上捕鱼的渔民受灾，有3人死亡，100人受伤或下落不明。1995年10月的飓风"罗克珊娜"以每小时115英里（185公里）的风速袭击了墨西哥,造成不少于14人死亡,数万居民房屋被毁。

飓风"吉尔伯特"

1988年9月12—17日,飓风"吉尔伯特"袭击了牙买加和墨西哥,然后又袭击了美国得克萨斯州和俄克拉荷马州。尽管飓风"吉尔伯特"到达得克萨斯州时风力已大大减弱,但是还是引发29次以上的龙卷风,造成400亿—500亿美元的财产损失。飓风"吉尔伯特"最高达到5级飓风,总计造成318人死亡。

9月3日,从东面吹来的信风略微偏移,在海上形成向西移动的云团,离开非洲西部海岸。9月3日,当风速超过每小时39英里(63公里)时,被划为热带风暴。就在当天,热带风暴穿过了小安的列斯群岛。第二天,当风速超过每小时75英里(121公里)时,正式转变为飓风。仅仅12个小时内,风速增加到每小时96英里(154公里)以上。

9月11日,美国国家飓风中心通知牙买加官方,在未来12—24小时内,飓风有可能超过每小时100英里(160公里)。在9月12日大约中午时刻,当飓风到达牙买加时,袭击了首都金斯敦,此时风速超过了每小时111英里(178公里),并且仍在加剧。9月13日上午9点,飓风中心在距离大开曼岛南部20英里(32公里)处,风正以每小时131英里(211公里)的速度猛烈地吹着,2小时后风速超过每小时155英里(249公里),这时达到5级飓风。到9月13日下午6点钟,风眼气压达到888毫巴,这是所记载的西半球上最低气压。

9月14日,当飓风到达墨西哥海岸时,已减弱到3级飓风。但是由于海洋升高了20英尺（36米），几公里远的古巴船只被海浪推到海岸。随着飓风"吉尔伯特"向内陆移动，飓风风壁开始减弱，但是远离飓风中心的风力保持时间较长。然而，飓风风壁一旦消失，就不再形成。

生命和财产

当飓风到达美国海岸时，提前发布警报和采取有效急救措施都会使灾害减小到最低程度。然而保护生命、财产安全并不是件轻松的事。在过去的几年中，飓风造成的死亡、伤亡事件不断发生，飓风造成的财产损失有增无减。

飓风很可能从墨西哥湾沿岸的得克萨斯州开始，绕过佛罗里达州，向北行进，到达大西洋沿岸的弗吉尼亚州，全程跨越大约200英里（320公里）的漫长海岸线。自20世纪30年代以来，这一沿海地区的人口大约增长了一倍。与20世纪上半个世纪相比，居住在迈阿密和劳德代尔堡地区的人口大幅度增长。更糟糕的是，这里的很多人居住在活动住房里。飓风不仅轻而易举地摧毁这些活动住房，而且还会把被摧毁的活动住房的残骸吹起，撞击其他建筑物，造成更大的破坏。飓风造成的经济损失数额巨大，主要是由于多数遭受飓风袭击的地区都投了财产保险。据世界最大的保险机构——伦敦劳埃德保险公司报道，1966—1987年期间没有一种自然灾害的保险赔偿款超过10亿美元，但是在1987—1992年期间有10次风暴，保险赔偿款累计超过150亿美元。

在1969年袭击美国密西西比州和路易斯安那州的飓风"卡米尔"，与1988年的飓风"吉尔伯特"相差无几，但是其风眼气压更高,达到905毫巴。飓风"卡米尔"造成沿海地区250人死亡,飓风引发的洪水造成125人死亡,财产损失达14.2亿美元。然而1989年的飓风"雨果"造成43人死亡,财产损失达105亿美元;1995年的飓风"奥帕尔"在美国造成13人死亡,财产损失达40亿美元。现在的飓风不像从前那样致命,但是财产损失越来越大。

飓风"卡米尔"能够进一步说明飓风可以受其他气象系统的影响。最初,飓风"卡米尔"很猛烈,但是,当它转向西,越过位于弗吉尼亚州的蓝岭山脉时,渐渐减弱为热带风暴。与从大西洋吹向内陆的潮湿空气汇集在狭窄山谷中,潮湿空气与行进的冷锋相遇,潮湿的低气压空气升到冷锋之上(参见补充信息栏:锋面),在数小时内造成18英寸(457毫米)的降水。飓风"卡米尔"造成的破坏主要是由于飓风引发的洪水造成的。

最近几年,平均每年有9—10次风暴和6次飓风,1995年有11次大西洋飓风。如果将没能形成飓风的热带风暴也包括在内,1995年是近60年飓风发生频率最高的一年。如图43所示,1950年发生11次飓风,1969年发生12次飓风。这些数据表明,飓风的发生率每年都有差异。

一些气象学家认为最近几年飓风发生更频繁。如图43所示,自1945年以来,尽管某些年,例如,1950年、1969年、1995年和1998年飓风的发生频率高些,但是总体来说,每年飓风的发生频率基本相同,差异不大。相对而言,20世纪上半个世纪飓风不如现在频繁。另一些气象学家持有不同观点,尽管他们怀疑飓风发生更频繁的看法,但是他们没有充足的证据加以论证。1994—1999年期间,飓风的发生率增长了50%。5年时间太短,反映不出长期的发

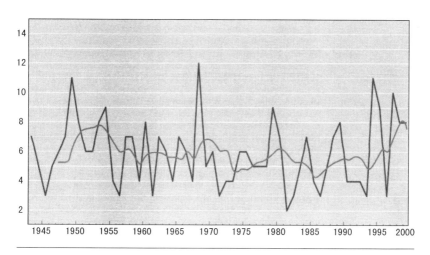

图43　1944—2000年期间，每年大西洋飓风发生的次数及5年的平均发生值

展趋势。从1945年到目前，飓风发生率没有增长。当然，没有证据表明飓风越来越猛烈。事实上，自1940年以来，飓风的风速一直是在稳稳地、缓慢地下降。

　　根据目前的数据，没有理由担心大西洋和加勒比海飓风变得越来越频繁、越来越猛烈。

波及欧洲的飓风

　　西欧雨水大，气候稳定，没有酷热严寒或风暴的天气现象，但是偶尔也出现难以预料的天气。2002年1月猛烈袭击欧洲地区的风暴，从苏格兰一直延伸到波兰，至少造成17人死亡，其中5人是卡车司机，是由高达每小时100英里（160公里）的强风吹翻汽车而致死的。当风速达到每小时74英里（120公里）时，靠近立陶宛和波兰边界的俄罗斯加里宁格勒宣布处于紧急状态。在丹麦北海海岸，海平面超出正常水面13英尺（4米），当地居民被迫撤离。

1999年圣诞节时，西欧3次受风暴袭击。风暴过后，接近2 000人丧生，3天内吹倒的树木量相当于欧洲半年的木材砍伐量。法国受灾最严重。巴黎街道遍布了连根拔起的树木，就全国来看，100平方英里（259平方公里）的森林被摧毁，相当于每年木材砍伐量的2.5倍以上。40多万法国家庭电信设施受到破坏，200万家庭电力设施受损，城市供水设施也受到影响。保险公司估计财产损失达3.8亿美元。风暴结束时，法国政府宣布全国2/3地区处于紧急状态，调动6 000名士兵清除受损物体的残骸，帮助恢复饮水设施。

第一次风暴是从12月11日开始，风暴袭击了丹麦和瑞典，大风摧毁了丹麦的大片森林。这只是风暴的开端，随后进一步向南扩展，造成更猛烈的破坏。

12月23日，低气压在靠近美国哈特勒斯角南部的北大西洋西部形成，然后向东北方向行进，到达加拿大纽芬兰岛地区，再转向东，经过爱尔兰南部，在12月26日早晨到达法国海岸。在巴黎奥利机场，风速可达每小时107英里（173公里）。部分地区风速甚至达到每小时136英里（219公里）。中午，风暴到达德国，到晚上到达波兰时，风暴已开始减弱。

人们还没有从风暴的震撼中清醒过来，第二次风暴又接踵而至。圣诞节那天，大约在西径65°、北纬38°的加拿大新斯科舍以南的北大西洋上，形成了低气压，随后向北行进，12月27日下午到达法国的不列颠海岸。风暴引起的大风跟第一次一样猛烈，但更进一步向南蔓延。风暴还波及西班牙北部，在越过德国中部后，穿过瑞士，进入意大利。这次风暴总计造成122人死亡，其中70人是法国人。

风暴除了引发大风外，还在比利时、德国、瑞士和西班牙部分地区引发洪水，在山脉普降大雪。由此，法国阿尔卑斯山脉地区发出预防雪崩警告。一组9人的德国游客正在奥地利山中小屋里庆祝千禧之年，这时发生雪崩，无一人生还。此次雪崩共造成12人死亡。罗马尼亚的特兰西瓦尼亚距离布加勒斯特大约280英里（450公里），那里的狂风、大雨和暴雪摧毁了大量树木和电力设施，100多个村庄电力设施受损。

两次风暴都产生了与飓风强度相等的大风，但是这些风暴还不能称为飓风。因为它们不是在热带形成，所以不能称为热带气旋，同时也没有温暖的中心这一明显的飓风特征。但是接下来谈到的飓风"查理"可以称得上是真正的飓风。

轻柔的飓风"查理"

谈到飓风，飓风"查理"没什么特别之处，它是在1986年8月17日到达美国北卡罗来纳州，沿马里兰海岸向北行进，然后转向东，进入大西洋。飓风"查理"几乎没造成什么损失，相反的，它给北卡罗来纳州、弗吉尼亚州和马里兰带来了充足的雨水灌溉农田。那一年只有3次大西洋飓风，但都不猛烈。

轻柔的飓风"查理"在北大西洋"漂泊"几天后，到达英国。这时温暖的风眼已变冷，风速减弱，转变为风暴。然而，风暴仍保持巨大的能量，威尔士西南部的居民没有料到飓风的到来，由于缺少准备,遭受巨大破坏。

尽管这时它已不再是飓风,但是仍然保持飓风的基本特征。风壁仍然能引发大风和大雨,而风眼里面平静、空气晴朗。大雨和上涨的海水造成大范围的洪水,近海的救生艇不得不驶向内陆活动房屋停车场,救出在里面度假的游客。位于英国威尔士西南部的德韦达郡北部地区是人口稀少的农场、山庄,那里风暴最严重,但损失的财产有限,因为那里根本就没有什么财产。接下来飓风袭击了英格兰,造成的损失比较严重。

飓风"弗洛伊德"

飓风越过大西洋,以巨大的能量破坏所波及的地区。1987年那年的最后一次飓风——"弗洛伊德"在10月9日形成,12日风速超过每小时75英里(121公里)。但是,仅仅在12个小时内,风速减弱,达不到飓风的风速。在越过佛罗里达群岛后,向海洋行进。

欧洲的气象学家观察到了飓风"弗洛伊德",但是计算错了它的行进路径,因为计算中出现一点差错就会产生很大差别。气象学家认为飓风"弗洛伊德"会穿过英国南部海岸的英吉利海峡,然后向北海行进,途中风势会一直减弱。英吉利海峡是世界上最繁忙的海上通道,飓风显然会对这里的海运造成危险,但是,气象学家预测飓风不会对海岸上的居民造成伤害。

飓风"弗洛伊德"在10月15日夜晚到达英格兰南部,但是与预计的行进路径向左偏离了几度。飓风风速超过每小时80英里(129公里),对英格兰南部人口稠密的城镇和乡村造成巨大破坏。到16日黎明,1 900万棵树木被连根拔起。在伦敦东南部的肯特,有一个叫做"七橡树"的城镇。10月16日星期五一大早，飓风到达"七橡树"镇，7棵橡树中有6棵被吹倒。后来人们开玩笑说得重新给这个城镇命名，但事实上没有必要，因为在风暴过后倒下的6棵树又重新被植上。这次风暴造成19人死亡，财产损失按1987年货币金额计算，大约为15亿英镑（大约22.5亿美元）。

彭斯狂欢夜

对于苏格兰人来说，1月25日夜晚是纪念苏格兰著名诗人彭斯的狂欢夜。在这欢快的夜晚，庆祝晚宴在优美的风笛声中拉开序幕。人们一边喝着威士忌酒，一边品尝着苏格兰传统美食，一边听人们朗诵罗伯特·彭斯的优美诗篇。就是在这样的一个美好夜晚，英国及欧洲西北部遭受了1990年最猛烈的风暴。

这次风暴没有转为飓风，但风速却超过了每小时100英里（160公里）。尽管气象学家准确地预测出风暴路径，但是，由于风暴猛烈，英国大部分地区受灾，生命和财产损失很大。屋顶被掀起、树木被连根拔起，电力瘫痪、交通及通信设施中断。大约47人丧生。风暴继续向欧洲大陆行进，造成荷兰19人死亡、比利时10人死亡、法国8人死亡、德国7人死亡和丹麦4人死亡。

这次风暴过后，2月13日风暴又一次袭击了法国和德国，导致29人死亡。不到一个月，2月26日又暴发了另一次风暴，导致英国、荷兰、德国、法国、比利时、瑞士、爱尔兰和意大利这些国家至少51人死亡。

每隔几年飓风就会在欧洲发生。例如，1993年12月发生在英国的飓风造成12人死亡；1989年1月25日和26日发生在西班牙的飓风造成至少12人死亡。

20世纪80年代中期，大西洋比较平静，没有发生热带风暴和飓风。就风暴而言，势力弱的风暴跟势力强的风暴一样都会越过海洋，因为风暴的大小和能量不是至关重要的，而是其在陆地上行进的距离起决定作用。飓风必须有无限的水供给才能维持下去。海水和浪花不断蒸发，释放潜热以提供对流所需的能量，在眼壁中形成温暖的塔状云。像飓风"查理"和飓风"弗洛伊德"一样，那些没有穿过美洲大陆而径直向北行进的飓风，很可能在飓风明显减弱之前转向东，这样就会遇到重新恢复其能量的气象系统，所以看起来快要消失的飓风会以令人惊叹的能量袭击欧洲。

锋面风暴

按照蒲福风级别划分，风速超过每小时75英里（121公里）被称为"飓风风力"（参见补充信息栏：风力和蒲福风级别）。然而，在欧洲具有这种风力的风还不是真正的飓风，因为它们没有在热带大西洋形成，没有热带气旋的强大能量，没有温暖的海洋提供能量。多数欧洲"飓风"与锋面系统有关，热带气旋不是锋面。

在热带，大面积的气温和气压保持稳定，相当小的大气扰动就可以引发热带气旋的形成，但是在中纬度地区却不同。具有完全不同特征的气团不断地从西部向东部移动（参见补充信息栏：气团及其形成的天气），以不同速度行进的两种气团在相遇的地方形成锋面（参见补充信息栏：锋面），在地表冷暖锋相遇的地方通常有低压区。低压区受穿梭于急流的风波的作用，一般也从西向东移动（参见补充信息栏：低气压和急流）。

补充信息栏：气团及其形成的天气

当空气在地表上空慢慢移动时，空气会变暖或变冷。在一些地区水会蒸发成气体或者气体失去水分。空气的特征在不断变化。

当空气越过大陆或海洋大片区域时，其主要特征大致相同，都是具有相同的温度、气压和湿度。这样的空气叫做气团。

气团的冷暖、干湿取决于气团形成的区域，气团也因此而命名。气团的名称及其缩写形式浅显易懂。大陆气团（c）形成于大陆上空；海洋气团（m）形成于海洋上空。根据气团形成的纬度，又可划分为冰洋气团（A）、极地气团（P）、热带气团（T）或者赤道气团（E）。除了赤道空气外，这些分类可合并为冰洋大陆气团（cA）、冰洋海洋气团（mA）、极地大陆气团（cP）、极地海洋气团（mP）、热带大陆气团（cT）和热带海洋气团（mT）。由于赤道大部分地区被海洋覆盖，所以赤道空气总是海洋性的。

北美洲受极地海洋气团、极地大陆气团、热带大陆气团和热带海洋气团的影响。下面的地图清楚地显示出海洋气团在太平洋、大西洋和海湾地区形成。当气团离开其形成地（叫做气团发源地）时，气团会发生变化，但是变化的速度缓慢，在开始时会产生天气变化。正如名字所暗示的那样，海洋空气是潮湿的，大陆空气是干燥的，极地空气是寒冷的，热带空气是温暖的。在地表,极地空气和北极空气几乎没有区别,但是在大气层却有差异。

在秋天,当热带大陆气团和热带海洋气团向赤道移动时,向南扩展的极地大陆气团会给美国中部的冬天带来寒冷、干燥的天气。来自海湾的热带海洋气团和来自内陆的热带大陆气团相遇,在美国东南部产生猛烈的风暴。

图44 北美洲的气团

流进低压的空气受科里奥利效应作用产生偏转,进入围绕低压的旋转轨道。低压中心和周围空气的气压差越大,风力就越强。

当靠近气压中心时,角动量守恒又使风速加快(参见补充信息栏:角动量守恒)。

中纬度地区的低压会加剧,所以低压周围的风会更大。风会达到强风程度,在海洋上有时具有每小时75英里(121公里)以上的飓风风力。这样大的风在陆地上不常见,因为风吹过高低不平的地面时会产生摩擦力,这样会减慢风速,但是风偶尔也越过海岸,径直进入内陆。

补充信息栏:低气压和急流

锋面是两种气团的分界线,气团是具有显著的气温、气压和湿度特征的大量空气,在一定高度的气团的特征相当稳定。相邻的两种气团由于空气密度不同,不会混合在一起。

锋面两侧显著的温差会产生气压差,气压差随高度升高而增加。冷空气比暖空气更容易被压缩,所以冷空气随高度升高而气压下降的速度要比暖空气快,这样锋面两侧的气压差随高度升高而增加,在对流层顶气压差达到最大。由于与温差有关,气压差会产生热风。

极地气团和热带气团间形成的极地锋面在南北半球都存在,尽管它们的位置随季节变化,但是它们都位于中纬度地区。极地锋面会产生最强烈的热风。在对流层顶,热风达到最高速度时称为极地锋面急流。急流通常位于冷空气中,在北半球急流和冷空气一起向左侧流动,在南半球向右侧流动,在南北半球都会形成由西向东流动的方向。还有一个位于北纬30°和南纬30°的副热带急流,只有在高空对流层才会产生气压差。

极地锋面急流不以直线流动是因为它里面有风波。使急流向极地流动的风波叫高压脊,使急流向赤道流动的风波叫低压槽。每个高压脊顺风方向,空气被吸引到急流中,因而空气下降,这就形成了地表高压。每个低压槽顺风方向,空气离开急流,因而会吸引上升的空气,这就形成了地表低压。图45显示了高压脊和低压槽、地表高压和低压的相对位置。

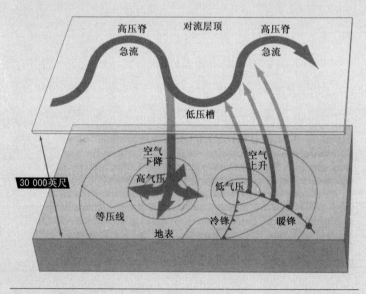

图45 气流和低气压

地表低压中心出现在气象图的锋面波锋上，锋面一则是暖锋，另一侧是冷锋。在冷暖锋中间有一块楔形的暖空气，这一区域叫做暖区。空气就是从暖区上升的。

急流中的风波在南北半球从西向东移动，地表气压也随之移动，高气压（反气旋）总是在每个高压脊之前，低气压（气旋）总是在每个低压槽之前，这就是低气压在中纬度从西向东移动的原因，也是这一地区天气变化的原因。

气象学家认为热带低压和中纬度低压是气旋，空气围绕低压旋转流动（在北半球按逆时针方向），任何气旋都会产生大风。热带气旋不在锋面中形成，而多数中纬度气旋有锋面，但是气旋中心有很大差异。热带气旋在非常温暖的水面上形成，当其中心气温比周围的空气高出许多时会形成风眼和眼壁，进而转为飓风。中纬度气旋没有温暖的中心，中纬度低压也许会产生强烈的风暴，但是由于缺少巨大的能量，不会形成飓风。

亚洲台风和气旋

居住在中国南部、中国台湾地区和菲律宾的人对热带风暴和台风不会陌生，2001年是热带风暴的多发年。风速的高低决定了风暴是否达到台风的强度。台风发生时，摧毁家园、剥夺生命的通常不是大风,而是大雨。

台风"榴莲"在2001年6月下旬袭击了中国大陆、中国台湾和菲律宾。它从菲律宾开始,越过中国台湾,在7月1日星期日到达中国广东省。风速达到每小时104英里(167公里),带来12英寸(305毫米)的降水。据报道,没有人员死亡,但是中国政府估计重建家园至少需要4 460万美元的资金。台风"榴莲"继续移动,进入越南北部,连续3天总计带来17英寸(432毫米)的降水。台风造成的山崩埋葬了一些房屋,造成6人死亡,还有3人被洪水淹死。

同年7月最后一个星期,台风"玉兔"袭击了中国广东,风速达到每小时94英里(151公里)。台风摧毁了茂名附近的2 340座房屋,还有数千座房屋及农作物受损。此次风暴造成的经济损失达760万美元。

2001年7月上旬的台风"尤特",风速由每小时80英里(129公里)上升到每小时97英里(156公里),引发了突如其来的大雨和泥石流。在菲律宾台风"尤特"造成121人死亡、40人下落不明。多数的遇难者死于泥石流或山崩。台风"尤特"在中国台湾南部只是擦肩而过,山崩和洪水使部分公路受阻,有一人被洪水冲进河里淹死。台风"尤特"从台湾进入广东省南部,最后在那里消失。

7月30日星期一早晨台风"桃芝"抵达中国台湾。据一位幸存者描述,洪水猛冲进他家的客厅,家里有10人被洪水冲走。风暴过后,孤苦伶仃的他拼命地在泥巴和残骸中搜索家人踪迹,但一无所获。当天傍晚,当台风"桃芝"离开台湾时,至少造成100人死亡,许多人下落不明。星期二清晨,台风"桃芝"到达中国福建省,但此时已减弱,没有造成严重的破坏和人员伤亡。

较弱的台风"丹娜丝"在2001年9月袭击了日本,造成巨大破坏,有5人死亡,其中4人死于东京北部附近的泥石流。大雨倾泻,树木被吹倒,由于交通受阻,设备运输瘫痪,丰田汽车公司不得不关闭其12家工厂。

　　台风"丹娜丝"过后,又出现了另一个较弱的热带风暴——台风"百合"。从9月16日星期日早晨到9月17日星期一中午,台风"百合"在中国台湾台北倾泻了32英寸(813毫米)的降水,淹没了城市排水系统,街道积水达到汽车车顶高度,部分地铁遭受洪水冲击。雨水从山坡猛冲下来,熟睡中的人们被突如其来的洪水淹死。有5人埋葬在泥石流中。居民的房屋、桥梁和铁路被毁,总计造成90人死亡。

　　一周后,中国台湾的台北人民建起沙袋护墙以应对台风"利奇马(Lekima)"。台风"利奇马"移动缓慢,但是其风速可达每小时74英里(119公里),在中国台湾北部地区降了大约20英寸(508毫米)的雨水。

　　11月上旬,热带风暴"玲玲"袭击了菲律宾岛屿,造成大约300人死亡。在菲律宾首都马尼拉东南部440英里(708公里)处的甘米银岛,连续4个小时下暴雨,造成的洪水冲垮了房屋,把火山喷发时形成的巨砾冲进村庄。热带风暴"玲玲"离开菲律宾后,进入越南,在那儿摧毁了房屋、吹倒了树木、吹翻了渔船。

大风

　　这是形成于中国南海的凶猛的热带气旋的命名。这种风可以对近海岛屿造成破坏,也经常越过大陆海岸线,在内陆行进相当长的一段距离,造成生命和财产损失。用汉语词汇,我们称这些气旋为"台风",并且"台风"这一名称扩展到指所有形成于太平洋的热带气旋。

然而,还有其他名称。发生在印度尼西亚和菲律宾附近的热带气旋叫做"碧瑶风"。碧瑶是菲律宾的一个城镇。在澳大利亚附近的热带气旋叫做"气旋",通常指发生在印度洋北部的热带气旋。现在发生在印度洋南部的热带气旋也叫"气旋"。

在所有的热带气旋中,几乎90%是台风或气旋。亚洲东部、印度次大陆、印度尼西亚、菲律宾和热带太平洋一些小岛屿遭受的台风或气旋是大西洋和加勒比海遭受的飓风的9倍,并且太平洋台风经常比大西洋飓风更猛烈。历史上记载的最猛烈的一次太平洋台风是1979年10月的台风"提普(Tip)"。其风速保持在每小时190英里(305公里),这是因为太平洋比大西洋宽阔得多。在风暴到达大陆和失去温暖的水源之前,要向更远处行进,所以它们有更多的时间发展、加剧。同样,台风比飓风覆盖的面积更大。"超级台风"很罕见,但是它们一旦出现,就会覆盖300万平方英里(780平方公里)的面积,这相当于美国大陆的面积。

热带气旋沿着澳大利亚近海的大堡礁和澳大利亚昆士兰北部的卡奔塔利亚湾东海岸离开行进路线。5 000年来,气象学家一直在计算这一地区"超气旋"的发生频率。"超气旋"按萨菲尔/辛普森飓风级别划分是4到5级(参见补充信息栏:萨菲尔/辛普森飓风级别),气象学家发现"超气旋"每200—300年发生一次。在20世纪没有5级的风暴袭击澳大利亚东北部。1899

年发生的"超气旋"是自19世纪中期欧洲殖民地开始以来唯一的一次有历史记载的"超气旋",但是,在19世纪初期,有过2次"超气旋"。

刮风和下雨

一谈到台风,人们自然会想到风。风,特别是海洋上的风,是热带气旋的最重要特征。

台风的风力与飓风的风力相当,风速可达每小时75英里(121公里)以上,风眼直径为300英里(483公里),可影响70 000平方英里(181 300平方公里)的面积。风速为每小时40英里(64公里)以上的风会造成巨大破坏。在直径为300英里(483公里)具有飓风风力的热带气旋中,距离气旋中心140英里(386公里)处都会有强风,这使受影响范围扩大15万平方英里(38.85万平方公里)。如果这种规模的风暴发生在美国密苏里州的堪萨斯城,强风会吹到明尼苏达州的德卢斯、得克萨斯州的阿马里洛或者密西西比州的杰克逊。

风只是造成灾难的一个原因,另一个原因是暴雨,它同样会造成危险。48小时降下20英寸(508毫米)的雨水对于热带气旋来说是寻常之事。

据记载,1976年10月17日,在菲律宾首都马尼拉发生的台风24小时内降下38.5英寸(979毫米)的雨水。在夏天,由于菲律宾北部受亚洲季风的影响(参见补充信息栏"季风"),菲律宾南部主要受台风的影响,菲律宾7月和10月之间的雨水量最大。即使这样,最潮湿的地区在雨季只会有不超过20英寸(508毫米)的雨水,所以台风造成的雨水是平常降水量的2倍。

英语"季风"（monsoon）来源于阿拉伯语（mawsim），意思是"季节"。季风表现了季节的最明显特征，在亚洲，冬季季风干燥、夏季季风带来大雨。

季风与陆地风和海洋风相似，但是风力巨大，它们受陆地和海洋变暖、变冷的不同比率的影响。在夏天，陆地比海洋受热快，陆地上暖空气上升，形成低压区。当空气与海洋表面接触时，会吸收海洋潮湿的空气。在冬天，情况与夏天正好相反。陆地比海洋冷得快，气压上升，空气从陆地流向海洋。由于空气产生于陆地，所以很干燥。因此我们可以得出冬天季风干燥，夏天季风潮湿。

季风气候在热带大多数地区都存在，会影响热带非洲大部分地区、非洲的马达加斯加北部地区、阿拉伯半岛南部地区、印度次大陆、亚洲南部、亚洲东部和澳大利亚北部。北美部分地区也有季风气候。落基山脉西部，夏季干燥、冬季多雨。北美大陆的东部，夏季多雨、冬季干燥。由于气团季节性分布的变化，亚洲南部的季风最强烈。

在夏季，赤道低压槽向北移动，加剧了陆地低气压。同时，巍峨耸立的喜马拉雅山脉把空气分成明显的两种气团。在冬天，急流漂浮于喜马拉雅山上，形成亚洲北部极地高压区。流入内陆的空气使近海的风更强烈。在夏天，随着陆地

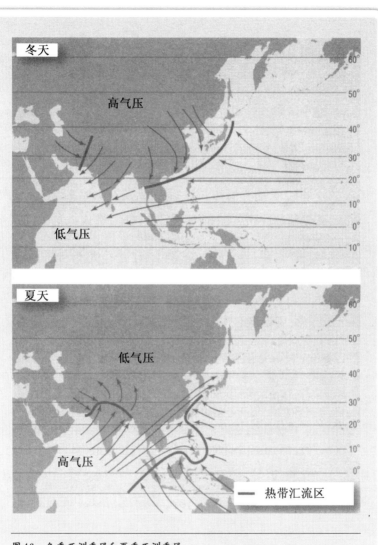

图46 冬季亚洲季风和夏季亚洲季风

在冬天，亚洲中部的高气压会产生从陆地吹向海洋的干燥的风。在夏季，海洋上的高气压会产生从海洋吹向陆地的潮湿的风。

气旋

太平洋和印度洋上的热带气旋非常强烈,1999年10月29日袭击印度奥里邦的热带气旋摧毁了几个村庄,造成大范围的洪水。气旋过后,印度政府公布有9 463人死亡,大约8 000人下落不明。印度洋南部的气旋季节(在南半球)从1月份持续到3月份,孟加拉湾和阿拉伯海的气旋季节从5月份持续到9月份。在印度洋南部,每年平均有9.68次气旋,在孟加拉湾和阿拉伯海平均有8.75次,这两个地区每年气旋的次数都有所变化。1945年到2000年期间,印度洋南部气旋发生的次数略微有所下降,在孟加拉湾急剧下降,现在孟加拉湾气旋不太常见。

2001年1月2日形成于印度洋南部的气旋"安道"是最典型的,它在马达加斯加最北端东侧745英里(1 200公里)处形成,向马达加斯加行进,风势越来越猛烈。但是,在1月5日转向南,以每小时9—11.5英里(15—18.5公里)的速度行进。在马达加斯加和非洲留尼汪岛中间穿过,到达距离留尼汪岛150英里(240公里)的地区,幸运的是,没有袭击留尼汪岛的任何岛屿。1月6日风更加猛烈,达到5级。风眼气压降到930毫巴,风速达到每小时140英里(225公里),强风达到每小时168英里(270公里),掀起的海浪达20英尺（6米）高，风眼直径为25英里（40公里）。

1994年袭击马达加斯加的台风"杰拉尔达"（或气旋）更凶猛，被称为20世纪气旋。强风达到每小时220英里（354公里），引发倾盆大雨，造成70人死亡，50万人无家可归，全国主要港口几乎全部被毁坏，2/3的农田被洪水淹没。其他的气旋同样也很猛烈。1994年5月2日，以每小时180英里（290公里）的风速向北行进的气旋越过孟加拉国恒河口，造成200多人死亡。如果事先没有提前发布警报、组织撤离的话，也许造成的死亡人数更惨痛。另一次气旋于1991年4月30日发生在孟加拉国沿海岛屿，气旋来势凶猛，还来不及发出警报，就已造成13.1万人死亡。

跟所有的热带气旋一样，这些东半球气旋都是在纬度5°—20°之间形成的。但是与大西洋不同，大西洋热带气旋在赤道以南形成，太平洋热带气旋在南北半球都可以形成。太平洋热带气旋在南北半球先向西行进，然后离开赤道，在北半球转向北，在南半球转向南。当然，在南半球，科里奥利效应会使风围绕风眼按顺时针方向旋转。

太平洋地区的台风会向人口浓密的陆地行进。气旋越过印度、巴基斯坦、孟加拉国等国沿海，穿过阿拉伯海向北行进，到达阿曼。在赤道南部，气旋向马达加斯加行进。一些行进到岛屿的西部，进入马达加斯加和莫桑比克之间的莫桑比克海峡。1994年3月发生在莫桑比克的台风造成150万人无家可归。

易遭攻击的孟加拉国

恒河是印度最大的河，其水流缓慢，水位变化很大。在干燥的冬季，水量少，水位低。但是，在春天，喜马拉雅山融化的雪水使水位上涨。在夏季，季风带来大量的雨水，水位达到最高。一年中，气旋最可能在这一季节在孟加拉湾以南地区形成。尽管亚洲季风在印度最强，但是它会影响整个亚洲南部。热带非洲也会有季风季节，但规模不大。

孟加拉国大部分地区地势低，由于受到洪水沉积的淤泥的滋养，平原土地肥沃。在孟加拉国，恒河被称作博多河，它与印度的另一条大河——布拉马普特拉河相汇合。布拉马普特拉河在孟加拉国叫做贾木纳河。两条河流汇合在一起，叫做梅克纳河。许多小支流流入梅克纳河，汇聚在一起，流入海洋。

在河水流入海洋的地方形成大三角洲。梅克纳河的河流入口处不止一个，有许多支流蜿蜒流过迷宫似的岛屿和荒无人烟的沼泽地。三角洲北部炊烟缭绕，人们生活在建筑在土台上或堤岸上的房屋里，以避免所有河道汇聚一起时可能引发的季节性洪水的袭击。

孟加拉国是世界上人口最密集的国家之一，每平方英里有2 000人（每平方公里平均有772人），大多数居民居住在农村。河边附近村庄和三角洲北部地区的渔民主要靠捕捉淡水类鱼类为生。每当气旋袭击时，他们几乎没有防护措施。1994年4月17日，热带风暴过后，科克斯巴扎尔城镇的200名渔民下落不明，估计有可能被淹死了。1991年的气旋造成13.1万人死亡，沿海岛屿5 000名渔民下落不明。最惨痛的一次是1970年11月的气旋，造成50万孟加拉人死亡，这是20世纪最惨痛的自然灾害之一。

太平洋台风

太平洋台风向西移动，沿途经过许多小岛屿，然后直奔世界上最大的群岛——马来群岛。印度尼西亚占马来群岛的面积最大，其国土面积大约为74.1万平方英里（192万平方公里），延伸到赤道3 000多个岛屿，全长3 000英里（4 800多公里），从马来群岛一直到新几内亚。从地理上看，印度尼西亚岛屿与菲律宾相连的这部分岛屿面积较小，大约有11.6万平方英里（30.044万万平方公里），有1 000个有人居住的岛屿和6 107个无人居住的岛屿。

印度尼西亚的大部分地区位于台风路线的西部。尽管印度尼西亚逃脱不掉台风的袭击，但是台风到达岛屿时，会转向北部，径直袭向位于印度尼西亚和中国之间的菲律宾。

圣诞节风暴

太平洋台风经常袭击南纬20°以北的澳大利亚北海岸大部分地区，但是其南部却很少受袭击。然而，在1974年圣诞节，气旋"特拉西"袭击了北部城市达尔文，造成了最惨重的自然灾害。

气旋"特拉西"于12月21日在位于澳大利亚和新几内亚之间的阿拉弗拉海开始形成，第二天气旋加剧，向西南行进，进入帝汶岛以南的帝汶海，然后再进入印度洋。气象学家预测气旋"特拉西"会出现在澳大利亚海岸至少60英里（96.5公里）处。然而，在平安夜，气旋"特拉西"加剧，改变了原有的行进路线，转向东南，径直奔向澳大利亚。

圣诞节早晨4点种，气旋"特拉西"以每小时150英里（241公里）的速度袭击了达尔文市，持续4个小时之久。风暴消失后，据报道有50多人丧生，4.8万人被安全撤离，90%的建筑被摧毁，还有8 000人无家可归。

亚洲南部和东部

亚洲南部和东部是最容易受台风袭击的地区。台风到达印度尼西亚东部后,向北转,直奔菲律宾、越南、中国、朝鲜和日本。在1994年,风速为每小时85英里(137公里)的弱台风就造成中国台湾10人死亡,但是台风若是在中国东海的话就更加凶猛。同年8月20、21日,台风"弗雷德"袭击了中国浙江省,持续达43个小时,造成大约1 000人死亡,财产损失估计达11亿美元。1990年中国福建省和浙江省遭受台风"燕西"袭击,造成216人死亡。同年,中国浙江省遭受台风"亚伯"袭击,造成48人死亡。1991年袭击中国南部的台风"艾米"造成至少35人死亡。

中国台湾位于中国东海的南端,是形成于中国南海的热带气旋向北行进的必经之路,再往北是日本岛。日本位于北纬30°和45°之间,大部分时间很安全,但偶尔会受到台风的袭击,不过到达日本的台风已减弱,成为热带风暴。但是台风的能量保持的时间足够长,大多可以行进相当长的路程。

1953年位于北纬35°以北的日本本州岛的名古屋遭受台风袭击,造成100万人无家可归。比这更惨重的是1954年日本最北部的北海道遭受热带气旋袭击,造成1 600人死亡。1959年9月日本名古屋遭受了日本现代历史上最惨重的台风袭击,这次台风被命名为"薇拉",造成4 000多人死亡,150万人无家可归。

藤原效应

偶尔地,彼此相距900英里(1 448公里)的两股台风也会同时袭击某地,它们环绕共同的中心旋转,同时又彼此相互作用。这就像两颗恒星环绕它们中间的共同引力中心旋转一样。如果这两股台风规模大致相同,它们环绕两个中心旋转的轨迹也就大致相同;如果一股台风比另一股台风规模大,它们就会环绕规模较大的台风中心旋转,这样规模较大的台风就会吸引规模较小的台风。

这种现象在大西洋也会发生。1995年8月23日,正当热带风暴"艾瑞斯"袭击向风群岛时,飓风"亨伯托"紧随其后。热带风暴"艾瑞斯"风势减弱,略微转向南部,而飓风"亨伯托"向北行进。当二者相遇一起围绕共同的中心旋转时,两个势力都有所减弱,最后分离。大约一星期后,热带风暴"艾瑞斯"行进到百慕大群岛东侧,正向北部行进时转变为飓风。热带风暴"卡伦"从后面追上,与飓风"艾瑞斯"汇聚在一起,二者开始旋转。热带风暴"卡伦"势力较弱,因而飓风"艾瑞斯"吸引住热带风暴"卡伦"。

2001年9月6、7日,两个太平洋风暴——风暴"吉尔"和风暴"亨丽埃塔"相遇,共同围绕中心旋转。幸运的是,两个风暴都没有抵达陆地。

日本天文学家藤原作平是日本东京大学的教授,也是日本天文协会的会长。他是第一个描述两种风暴一起旋转现象的人,因此这一现象就以他的名字来命名,叫做藤原效应。

北极飓风和南极飓风

乔迪斯勘探船是进行海底研究的一艘船。每次出海都需要

52名船员、大约20名工程师和技术人员以及30名科学家。乔迪斯（JOIDES）是联合海洋机构地球深层取样（Joint Oceanographic Institutions for Deep Earth Sampling）的缩写词，由于它难于记忆，所以现在改为海洋勘探项目（ODP, Ocean Drilling Program）。海洋勘探项目是一个国际科学项目，包括勘测从海底岩心所钻取的岩石和沉积物。乔迪斯勘探船上所做的工作只是海洋勘探项目的一部分。乔迪斯勘探船可以勘测海洋27 000英尺（8.2公里）深处，搜集世界四大洋的海底岩心。

乔迪斯勘探船甲板上有钻塔和叫做"月亮池"的23英尺（7米）宽的洞，钻探用绳索可以通过这个洞穿透船体。乔迪斯勘探船船体巨大，构造坚固，最初是在加拿大的新斯科舍的哈利法克斯建造，1978年开始使用，用来勘探石油，取名为Sedco BP471。后来，这艘船又重新改装设备，1985年被海洋勘探项目利用，用于科学勘测。乔迪斯勘探船从船首到船尾长469英尺（143米），宽68.9英尺（21米），钻塔塔顶距离水面202英尺（61.5米）。乔迪斯勘探船归海洋钻井有限公司所有。

不论是石油勘探还是科学勘探都需要应对恶劣的天气，乔迪斯勘探船十分牢固，能抵挡海洋上的任何天气。然而，1995年的秋天，在大西洋的一次风暴中差一点沉没。

乘载120人的乔迪斯勘探船9月下旬从冰岛起航，驶向北冰洋格陵兰岛东部的格陵兰海。开始航海时平安无事，然而，天气突变。船长爱德温·D.乌纳克不得不多次敏捷地操纵船只，躲避从格陵兰岛冰川漂流下来的冰山。乔迪斯勘探船平安无恙地穿过恶劣天气。

气压急剧下降,东部有猛烈的风暴,南部又有另一个猛烈的风暴。乔迪斯勘探船本应该在格陵兰岛海岸躲避一下,但是,由于乔迪斯勘探船和海岸之间有冰山,船不可能靠近海岸。乌纳克船长别无选择,只得顶着恶劣天气前行。他的决策起不到什么作用,因为两个风暴汇合在一起,气压继续下降,风速持续增加。

风暴肆虐了两天,最高风速达每小时115英里(185公里),掀起70英尺(21米)的海浪,形成一堵水墙。船在风浪中颠簸起伏,一会冲上浪尖,一会落进波谷,有时螺旋桨悬空拍击不到水。瞭望台不得不用绳索紧紧缚住,安置在船尾观察冰山,因为船有时会以每小时4英里(6.4公里)的速度被海浪吹回来。一天半后,乔迪斯勘探船仍然有沉没的危险。最后风暴减退,船缓慢地驶向海港,进行维修。

温带飓风

温带气旋虽然不是热带气旋,但是跟热带气旋一样凶猛。其风速超过每小时115英里(185公里),风暴风力为12⁺(12是按蒲福风级别而划分的飓风风力)。在低纬度地区,相当于3级飓风。这种风力足可以使大树连根拔起,摧毁活动住房。1954年瑞典天文学家托·贝尔热伦称具有这种风力的风暴为温带飓风。

令人遗憾的是,这个名字容易使人糊涂,因为它用来描述一种以上的飓风。热带气旋(或飓风)离开热带后,不久就会失去原有的一些重要特征。雷暴会消失,飓风直径会显著增加,最强的风没有靠近风眼。从前的热带风暴现在转为"温带飓风"。

这种风暴的风速相当小,但是有时也可以达到飓风风力,特别是由于两个热带飓风行进的速度不同，在它们独自离开热带后，改变了原有的特征，第二个飓风追上第一个飓风，然后汇合到一起。汇聚在一起的飓风通常会产生巨大、极危险的风暴灾难，这就是风暴使乔迪斯勘探船差一点沉没的原因。这种温带气旋通常在新英格兰或加拿大沿海形成，有的也越过大西洋，给欧洲造成灾难。

离开热带的热带气旋有时会重新恢复能量，这是形成温带飓风的另一种方法。当热带气旋离开热带时，越过凉爽的水面。水慢慢地蒸发进入气旋，降低了对流云的运动，削弱了热带气旋。如果热带气旋没有遇到冷锋的话，就会完全地消失。当热带气旋遇到冷锋时，气旋中的暖空气沿着冷空气的倾斜边缘向上升。当上升的空气绝热冷却、水蒸气冷却释放潜热时，空气上升就会引起新的对流圈和对流变暖。快要消失的气旋就又恢复了能量，又一次拥有了飓风的能量，继续前行。

这些都不是贝尔热伦所指的"温带飓风"。他描述的温带飓风不发生在热带，而是在离热带很远的地方形成。

这种温带飓风发生在南极和北极地区，然而，它们在某种程度上与热带气旋很相似。在南非最南端的好望角，由于气旋风暴经常在这里造成大风，所以水手把这一纬度地区取名为"咆哮的40°地区"、"暴怒的50°地区"和"尖叫的60°地区"。这种经常刮大风的地区不仅仅局限于好望角的南部，也遍布于世界各地。好望角经常刮大风是因为南非位于突出的狭长地带，在巴拿马运河建造之前，穿行于太平洋和大西洋的船只只得绕过好望角。在南极洲伯德站，1年当中有2/3的时间猛烈地刮大风。南部海洋的风比北冰洋的风强烈得多，因为在南美洲的南端和南极半岛的北端之间没有大陆块,而在北冰洋、北美洲、格陵兰岛、斯堪的纳维亚半岛、西伯利亚陆地地块都进入北冰洋,陆地减慢了风速,并使风偏斜。在南部没有陆地减慢风速,所以风吹得更频繁、更强烈。由于没有阻挡,风吹得更远,因此南部海洋的风会比北部产生更大的海浪。

偶尔地,造成温带飓风的气象系统也会给低纬度地区带来恶劣的天气。例如,1995年圣诞节前后,这种气象系统向南延伸,给苏格兰和英格兰北部带来严寒和大雪,苏格兰岛最北部的设得兰群岛降雪达30英尺(9米)深,使英国12月气温比平常月平均气温低4℉(2℃)。

极地低压区

贝尔热伦描述的温带飓风通常在极地低压区形成,极地低压区是指形成于海冰边缘的相对低压区。尽管海洋上的气温接近冰点−32℉(0℃),但是冰上气温可降到−72℉(−40℃),这就是说水上空气和冰上空气的温差达72℉(40℃)。当冰边缘有低压区时,冰上的冷空气及海洋上的暖空气就会被吸引到低压区,两种不同气温的冷暖空气汇合到一起,会产生持续风暴。这是极地低压区。

在北冰洋,这种明显的温差相当常见。暖空气和洋流给北冰洋带来的热量几乎是北冰洋吸收太阳辐射的热量的2倍,海洋里的水从不低于29℉(−5.4℃),所以会有不断的热源。在北冰洋,极地低压区在冬天形成;在南极洲海洋,极地低压区一年四季都存在。

进入极地的热带空气和离开极地的极地空气温度有明显的差别,这两种气流在极地锋面相遇,暖空气沿对流圈上升,形成全球大气环流的基础部分(参见补充信息栏:全球大气环流)。上升的空气产生地表低气压带。在南北半球，从极地吹向极地锋面的是东风，从赤道吹向极地锋面的是西风。

极地锋面两侧的温差可以形成与低压区有关的锋系（参见补充信息栏：锋面）。如果在地图上用直线画出极地锋面，这些锋面似乎是主锋面上的波浪，低压区就在波浪的波脊上。这样的低压沿极地锋面重复形成，温暖的密度小的空气上升到寒冷的密度大的空气之上。当所有的暖空气都上升离开地表后，这种锋面叫锢囚锋。这时，如果极大的温差造成大气扰动，强极地低压就会在锢囚锋后面形成。

靠近极地锋面的冰上空气到达海洋上空气温差大的地区，就会在海洋上形成深低压区。邻近高压区的空气被吸引过来，空气汇流后上升。这时由于科里奥利效应，空气开始旋转，这就增加了地表的温差，因为旋转会把极地锋面朝向极地方向的冷空气带进较暖的地区，也会把赤道的暖空气带进较冷的地区，这也是极地低压区。

极地低压形成温带飓风

与多数低压相比，极地低压范围很小。当极地低压形成时，直径不到600英里（965公里）。空气流入地表低压，然后上升，在高处流出低压。与热带气旋一样这种垂直运动加剧了空气的流动，使低气压规模减小，直到形成直径不到200英里（322公里）的温带飓风。与此相比，中纬度地区低气压直径可以从100英里（160公里）到2 000英里（3 200公里）变化，但是，平均来说直径大约为1 000英里（1 600公里）。

在极地低压中心，地表气压不到970毫巴（海平面平均气压是

1 013毫巴），这相当于温和的飓风的中心气压。这一气压会保持每小时45英里（72公里）的风速，有时阵风达到每小时70英里（113公里），这远不及飓风风力。尽管气压较低，但是风速相当快。

温带飓风一旦形成，就跟热带飓风相差无几。温带飓风呈圆形，中心是没有云的风眼，里面的空气很平静。层层积云和雷雨云围绕风眼旋转，一直延伸到对流层顶。飓风之上，空气向外流动，形成长长的高空卷云。从太空看，它与热带气旋一样看上去都像"旋转着的星系"。

然而，温带飓风与热带有区别。温带飓风比热带飓风持续时间短。它由极地低压形成，12—24小时后转为飓风。温带飓风一旦形成，就会以每小时35英里（56公里）的速度向相反方向行进，这是热带气旋速度的2倍。受强风的驱动，热带气旋由东向西行进，但是，高纬度的温带气旋从西向东行进。在北半球，这样的速度会把温带气旋带到大陆。温带气旋一旦到了大陆，就会减弱乃至消失，所以最多持续不到36—48小时。在南半球，这一纬度的陆地相当少，所以温带气旋向远处行进，这样可持续较长时间。

当温带飓风越过海岸时，狂风大作，带来大雪或雨夹雪天气。猛烈的风可以吹倒电线杆和树木，但不至于对楼房造成严重破坏。雨雪天气对交通和通信系统造成破坏。当温带飓风出现在海洋上时，风暴会对船只造成危险。

五

飓风的影响

飓风的破坏作用

1974年圣诞节，当气旋"特拉西"离开澳大利亚达尔文时，已经摧毁了8 000多座房屋，整个城市几乎陷入瘫痪状态。

1992年8月下旬，飓风"安德鲁"在袭击了巴哈马群岛后，又袭击了美国佛罗里达州南部和路易斯安那州。风速达到每小时164英里（264公里），摧毁了佛罗里达州大约6.3万座房屋，佛罗里达城遭受惨重破坏。飓风同时也造成路易斯安那州4.4万人无家可归。从保险赔偿金来看，飓风"安德鲁"是美国历史上代价最昂贵的一次飓风，在佛罗里达州和路易斯安那州造成的经济损失估计为250亿美元。

几天之后，在东半球，热带风暴"波莉"在中国海形成，然后向西行进到中国沿海，造成165人死亡，500万人无家可归。

1998年发生在中美洲的飓风"米切"造成巨大破坏。1999年8月发生在菲律宾的台风"奥尔加"造成8万人无家可归。同年9月发生在美国北卡罗来纳州的飓风"弗洛伊德"引发了洪水，冲毁了3万座房屋。更严重的是，2000年1—3月，首先是气旋"埃莱恩"、然后是热带风暴"格洛里亚"袭击了非洲的马达加斯加，造成50万人无家可归。同年9月，发生在中国的台风"玛丽亚"造成17.5亿美元的经济损失。2001年6月发生在美国休斯敦的热带风暴"阿力森"造成50亿美元的损失。

对人类生活和生活设施造成的巨大破坏

当热带风暴和热带气旋越过陆地时，不论在哪都会对人类生活和生活设施造成巨大破坏。飓风"安德鲁"摧毁了路易斯安那州至少一半的甘蔗作物，农民们赖以生存的农作物就这样毁于一旦。可以说飓风"安德鲁"摧毁了农民的生活。

与北美洲、欧洲或澳大利亚不同，在非工业国家中，相当多的人口从事农作物劳动，他们的农作物一旦被摧毁就无法弥补。1989年发生在越南中部的台风"塞西尔"摧毁了3.6万座房屋和大量农作物。房屋可以重建，农作物时令过后就不能再种，并且越南也承受不了大量进口粮食所造成的经济负担。同年9月，飓风"雨果"袭击了加勒比海岛屿和美国东部，摧毁了大量的玉米和大豆。

与大多数的热带气旋一样，飓风"雨果"也摧毁了许多树木，连根拔起及折断的树木遍布果园及森林。波多黎各加勒比海国家森林受损惨重；美国南卡罗来纳州的弗兰西斯马里恩国家森林损失了2/3的树木和3/4的林中红冠啄木鸟；在南卡罗来纳州的查尔斯顿,几乎所有的树木都被摧毁;在北卡罗来纳州的夏洛特城街道两侧和公园里的2万棵树也全部被摧毁。1987年10月袭击英格兰南部的风暴,风速达每小时80英里(约129公里),摧毁了1 900万棵树,其中有许多稀有植物,其标本仍然保存在伦敦附近克佑地区的皇家植物园里。

公路两侧和公园里的林荫道是供人们休闲、散步和娱乐的场所,如果这些树木都被摧毁,那么人们内心的痛楚会更加巨大。即使树木可以重新种植,但是参天大树非一日之内可以长成。常言道:"十年树木、百年树人"。人们回味遮天蔽日的参天大树带来夏日清凉的同时,又不得不面对这横七竖八倒卧着的枝干。飓风造成的破坏不能在短时间内修复。

对野外生物的长期影响不是很严重。热带气旋和风暴是自然现象,在历史上会间歇发生,热带森林在多次气旋和风暴中幸存下来。大风吹倒了树木,但是在自然森林中这一损失会很快弥补。在热带雨林,大风吹倒的树木会长出新芽,重新恢复生机。几乎没有什么雨林不遭受任何飓风和火灾而耸立200年。令人奇怪的是,雨林中树冠突出于周围树木的最高树木比小树更能抵挡得住飓风的袭击。

空气有重量

艾凡奚里斯达·托里拆利(1608—1647)是伽利略的助手兼秘书,他首先证实了空气有重量。1644年,他发明了水银气压计来测量大气施加的压力。大气施加压力是因为大气有重量。实际上,气压计可以称出直到大气顶端的空气柱中的空气重量。

重量是地球引力施加于特定物质的力，质量是物体的性能。即便物体不受地球引力的作用而没有重量，它们仍具有质量。

例如，如果说某一物体重1磅，是指地球的质量和物体的质量以1磅的力相互吸引。物体的重量等于质量乘以地球引力。人类居住在地球上，实际上，地球的引力到处都相同，所以我们更应该对物体的质量多加注意。简单的方法是设定地球引力值为1，当物体的质量与地球引力值1相乘，结果物体的重量就是我们称的物体的质量（因为$x \times 1 = x$）。

质量和重量相等的假设使测量物体质量更轻松，但是只有在地球上才行得通。假如从地球来到火星，火星上的引力只是相当于地球上的38%，因此物质的重量就轻一些。如果在地球上一个物体重1磅（0.457千克），那么在火星上它的重量就是6盎司（0.170千克）以上。仅仅因为火星上的引力是地球上的38%（$x \times 0.38 = 0.38x$），物体的重量才有变化。无论在火星上任何地点，同一物体的质量都保持不变。如果你带着1磅地球上的岩石，乘坐宇宙飞船去火星，到达火星后把岩石扔到空中，那么你会看到岩石比在地球上飞得高、飞得远，因为火星上岩石的引力比地球上小。但是如果岩石击中了某个人，会感觉跟地球上的一样疼痛，因为物体的质量保持不变。

动能

物体运动时，会产生动能（参见信息补充栏：动能和风力）。如果运动着的物体撞击某物，其部分动能会转移到被它撞击的物体上，这就是为什么人身体会撞疼，为什么具有质量的空气如果移动速度足够快会造成破坏的原因。

补充信息栏：动能和风力

动能（KE）等于运动物体的质量（m）的1/2乘以物体速度（v）的平方，代数的表达式为 $KE=1/2\ mv^2$。

如果质量（m）用千克表示，速度（v）用每秒米表示，这个公式就会用焦耳表示结果。如果以每小时英里运动的物体所施加的力用磅来测量的话，那么这一公式略改动为 $KE=mv^2\div 2g$，其中v改为每秒英尺（每秒英尺=每小时英里 $\times 5\ 280\div 3\ 600$），g是32（在每秒英尺中的重力加速度）。

空气可以压缩，所以一定体积的空气质量是变化的，但是平均来说，海平面以上每立方米空气质量为0.075磅，或每立方英尺1.2盎司（相当于1.2千克）。当空气运动时（即刮风时），空气的动能等于0.075乘以速度的平方，再除以重力加速度的2倍，即 $KE=0.075\times v^2\div 2g$，或者用$0.6\times v^2$得出用焦耳表示的结果。正是空气的动能对行进中的任何物体施加了压力。当你走在风中时，你会感觉到动能的存在。如果风刮得极大，你会觉得走在风中很艰难。

考虑一下以每小时10英里（16公里）的风速吹动的微风，它对行进中的物体施加的作用力为每平方英尺4盎司（每平方米12焦耳）。这种风力也许你感觉不到，但足可以使旗子飘扬、树叶飒飒作声。如果风速增加一倍，会发生什么现象呢？以每小时20英里（32公里）的风速吹动的风，会对物体施加每平方英尺1磅（每平方米47焦耳）的作用力。风速增加了一倍，但是施加的作用力却增加了4倍，这时你当然会看到风在轻轻摇曳小树。如果风达到飓风风力，风速为每小时75英里（121公里），那么就会施加每平方英尺14磅（每平方米678焦耳）的作用力。如果风速为每小时100英里（160公里），那么就会施加每平方英尺25磅（每平方米1 185焦耳）的作用力。

听起来作用力也许不算大，但是在风吹过的每平方英尺（每平方米）的地表上会感觉得到。假设一个30×9英尺（长9米、高2.7米）的活动住房侧面对着飓风，如果朝向风的侧面面积为270平方英尺（24.3平方米），那么风速为每小时75英里（121公里）的风会对这个侧面施加大约1.7吨的作用力，风速为每小时100英里（161公里）的飓风会施加3吨的作用力。

使用杠杆作用

风对物体表面施加作用力的过程中，也运用了杠杆作用。在有豁口和突出部分的建筑物，风可能从侧面或下面施加作用力，这样就会起到破坏作用。用隔板建造的屋顶受风袭击时，先是一侧开始松动，然后整张被撕裂。

地表的风速不是固定的，运动的空气由于接触地表和地表上的建筑物而产生摩擦力，这样就减慢了空气的速度，并且由于山、树木和建筑物的阻挡会产生偏斜。空气转动时，会产生旋风，旋风进而引发阵风，阵风也许持续时间很短，但是会增加风速。如果说速度稳定的风对一个建筑物的作用力，可以略微破坏建筑物的话，那么突然袭来的阵风就足以使整个建筑物成为废墟。以每小时75英里（121公里）速度行进的风，会对我们假设的活动住房施加1.7吨的作用力，而达到每小时90英里（145公里）速度的阵风，施加的作用力时而会增加到2.5吨。活动住房在不断增加的作用力下摇摇欲坠，直至倒塌。

多数情况下，风会造成间接的破坏。一旦风撕裂某一建筑物，破裂的建筑物残骸就会被强大的风吹起，撞击到另一个建筑物上，这样间接地破坏了其他建筑物。也许对第二个建筑物的破坏作用不大，只是表面出现裂缝。

树木被连根拔起通常是大风造成的。树木在风中摇曳会松动树根，也许会造成小树根折断、大树根土壤松动，树林就不那么固定于土壤中，这时，大风足可以吹倒树木。电缆塔、无线电桅杆、电话线杆都会这样被吹倒。在森林中，倒下的树会撞倒其他的树，其他的树又会撞倒另一些树，这样许多树木都受到破坏。

旋涡和龙卷风

由摩擦力而产生的旋涡不是造成风向和风速变化的唯一原因。热带气旋的眼壁是由塔状雷雨云组成，这种云会产生雷暴，风暴中心周围会有许多雷鸣和闪电。风暴的强烈对流会产生大气扰动，这样空气就像围绕中心的小气旋一样旋转上升。大气扰动出现时，风就会改变风速和风向，所以建筑物不仅仅受强阵风的袭击，而且受来自不同方向的阵风的袭击。想象一下你的活动住房先受来自一个方向的风的袭击，接下来又受来自另一个方向的风的袭击，那会是怎样的感觉？

尽管具有飓风风力的大风不会造成足够的危险，热带气旋经常在眼壁周围引发龙卷风。跟所有的龙卷风一样，它们是由雷雨云里面或下面的小气旋形成的。每一个龙卷风只持续几分钟，相对来说不那么猛烈。但是当龙卷风出现时，风速急剧增加。许多龙卷风的出现和消失经常出乎人意料。

风的分类

当海军将领蒲福拟定风力级别的第一版本时（参见补充信息栏：风力和蒲福风级别），没有描述风的影响，就是说帆船的航行没有考虑各种刮风天气的变化。自1939年以来，风速等级加入风力级别版本，才制定出风力级别以每小时75英里（121公里）的风速而结束。1806年蒲福在最初手写的备忘录中概括了风的分类，从0—13总共有14个风级，13级风被划定为风暴。后来，人们又做了修改，划为13个风级，12级风被划定为飓风。

水手通过了解风级，确定帆船航行的路程。如果风力达到飓风风力，帆船就得迅速停止航行。在发给海军将领的风级版本中写道，12级风——飓风发生时，任何船帆都抵挡不住。

蒲福风级别在陆地并不适用。尽管最新版本中包括了海洋天气状况，但是人们现在不使用帆船航行，所以对于现代航行的人也不太适用。在蒲福风级别结束处应再增加一个风级。拟定了几个风级，但是最为气象学家赞同的是萨菲尔/辛普森飓风级别（参见补充信息栏：萨菲尔/辛普森飓风级别）。当美国国家海洋和大气局发出飓风警报时，气象学家使用萨菲尔/辛普森风级来划分飓风的级别。

表1 萨菲尔/辛普森飓风级别

序号	风眼的气压 毫巴 （厘米汞柱） （英寸汞柱）	风 （每小时公里） （每小时英里）	风暴潮 （米） （英尺）	破 坏 程 度
1	980 73.51 28.94	119—153 74—95	1.2—1.5 4—5	树叶和灌木枝叶被吹落；活动住房受到破坏。
2	965—979 72.39—73.43 28.5—28.91	154.4—177 96—110	1.8—2.4 6—8	小树被吹倒；被风吹刮的活动住房破坏程度严重；烟囱和瓦片从房顶被吹落。
3	945—964 70.89—72.31 27.91—28.47	178.5—209 111—130	2.7—3.6 9—12	树被吹得光秃秃的；大树被吹倒；活动住房被摧毁；小建筑物受破坏。
4	920—944 69.01—70.81 27.17—27.88	210.8—249.4 131—151	3.9—5.4 13—18	大范围破坏房屋、屋顶和门窗；活动住房全部被摧毁；内陆6英里（9.6公里）范围发生洪水；沿海附近建筑的低矮部分受严重破坏。
5	920或920以下 43.61以下 17.17以下	250或250以上 155或155以上	5.4或5.4以上 18或18以上	灾难；所有的建筑都严重受到破坏；小建筑被摧毁；距内陆0.3英里（0.5公里）的海平面上15英寸（4.6米）以下的所有建筑的低矮部分大部分受破坏。

166

与蒲福风级别不同，萨菲尔/辛普森飓风级别把飓风造成的破坏的部分原因归为飓风的风速。尽管风刮得很猛烈，飓风也会引发洪水。多数情况下，水的破坏作用不亚于风的破坏作用（参见"飓风的影响"中的"风暴潮"）。风级也显示了风眼的气压，这就显示了热带气旋的猛烈程度，因为风速直接与热带气旋内外的气压差有关。

海洋上的风暴

生活在陆地上的人们经常忽视热带气旋对海上船只造成的破坏。1989年9月11日，越过中国海移向中国台湾的台风"莎拉"，途中袭击了巴拿马货船，将其撕裂为两半。同年11月上旬，当美国船只在泰国湾钻井获取天然气时，台风"盖伊"掀翻了船只，造成93名工人死亡。1994年发生在菲律宾沿海的台风"特雷萨"造成一个油箱断裂，污染了大片水域。1994年4月，发生在孟加拉国的科克斯巴扎尔的热带风暴造成200名渔民死亡。

按蒲福风级别划分的12级风会使海洋波涛翻涌，呈现白茫茫的巨浪。海浪的大小取决于风速、风行进的路程（也叫风区长度）和风吹动的时间。风能转化为水能，产生巨大翻滚的海浪，海浪的能量与海浪掀起的高度成正比，所以掀起的海浪越高、越大，海浪的能量就越大。随着风速的增加，更多的风能转到海洋，海浪就变得更大。每小时110英里（177公里）风速的风会产生30英尺（9米）高的海浪。

只有当风在大范围风区长度持续吹几小时时，才会达到最大海浪。风吹得越猛烈，风区长度越大、达到最大海浪需要的时间就越长。这听起来矛盾，但是只有达到一定速度时，能量才能从空气转移到水上。这跟往容器里倒水有些相似,倒的水越多,需要的时间就越长。同样,由风的能量转移到海浪的能量越大,需要的时间就越长。

在热带气旋或温带气旋中,风围绕风眼转,所以在不同位置上风吹动的方向不同。风也不会持续长久,不能使海浪发展为最大状态。海浪相互作用,朝不同的方向运动。正是海浪间的相互作用,才使海洋看起来像在沸腾、翻滚一样。当几个海浪汇聚到一起时,就会形成极大的波涛。当两个海浪汇聚时,一个海浪的波峰有可能与另一个海浪的波谷相重叠,二者将相互抵消,水面会变得平静下来。如果两个海浪的波峰相重叠,二者将汇合到一起,合在一起的两个海浪的高度大致相当于两个单个海浪加到一起的高度。

很难预测海浪的大小和能量,但是在任何海洋常常看到一些海浪大于平均海浪。例如,100个海浪发生在某一特定点,其中一个海浪高度是平均海浪的6.5倍,在1 000个海浪中,会有一个海浪高度差不多是平均海浪的8倍。

然而,海浪的大小也有限度,因为重力的作用会使海浪的上部分向前落,所以海浪不会超过一定的高度。1994年当乔迪斯勘探船穿过格陵兰海温带飓风时,据说海浪高度(从波峰到波谷)达70英尺(21米)。1994年12月,发生在菲律宾的台风"科博拉"袭击了美国海军特遣部队,造成巨大破坏,也产生了60—70英尺(18—21米高)的海浪,这很可能是最大的海浪。70英尺(21米)高的海浪相当于三层楼房高度的3倍。

由于海浪是运动着的,所以热带气旋所产生的海浪在很远处就能感觉得到。在美国阿拉斯加海洋形成的海浪比平常的海浪大,一路行进到澳大利亚附近,形成风暴。形成于美国阿留申群岛的海浪以每小时35英里(56公里)的速度行进5天之后,就可到达加利福尼亚州。

丹尼尔·伯努利及飓风如何把屋顶卷入空中

1995年9月,飓风"玛里琳"袭击了美国维尔京群岛和波多黎各。飓风过后,一个名叫威尔弗雷德·巴里的美国元帅乘坐军用喷气式飞机在圣托马斯岛上空飞行,观察飓风造成的破坏,他报告说岛上房屋的屋顶都被吹掉。按萨菲尔/辛普森飓风级别划分,飓风"玛里琳"只是1级飓风,然而,即使这样小的飓风也吹掉了房屋的屋顶。

飓风一般都会撕掉房屋的屋顶,特别是坡度比较小的屋顶最易撕掉。波纹铁屋顶特别容易被吹走,加油站油泵上的顶篷也容易被吹走。加油站位于路边,通常用绳子系住柱子顶端,以便支撑顶篷。风大时房顶的石板瓦会被毁坏。

当风吹过高低不平的地表时,空气与地表间产生的摩擦力会减慢靠近地表的空气速度,所以各个空气层的空气行进速度不同。空气旋转运动,气流波动很大,形成湍流。如果屋顶是用薄板材料建造的,向上移动的湍流就会冲向屋顶的突出屋檐,多次施加作用力,直到屋檐与建筑物脱离。然后,把薄板渐渐吹卷起来,一片搭着一片的石板瓦开始松动,风吹入松动的石板瓦内,直到加固的钉子弯曲、断裂。这时石板瓦被卷入空中,这样风可以更轻易地直接卷走屋顶的周围部分。下面的图47显示了这一全过程。

摩擦力减慢了空气速度,使各个空气层的行进速度不同。这就形成了湍流,所以在一些地方风向上吹,在另一些地方风向下吹。湍流上方是平流。

圣托马斯岛遭受飓风"玛里琳"的袭击最严重。在对圣托马斯造成严重破坏之后,飓风"玛里琳"又移向波多黎各,库莱布拉机场受到飓风的全面袭击。报纸上登载了一架小型飞机残骸的照片,飞机整个被吹翻了,机身断裂,机翼和方向舵缠扭在一起。

当你看见飓风造成破坏的照片时,你常常会看到被风吹得底朝上的轻型飞机的照片。飞机场地面平整,无法阻挡风的侵袭。如果飞机没有进入机库或用粗电缆牢固地拴在地面上,强烈的阵风就很容易钻到机翼下方,把没有任何安全保护的飞机抛个底朝上。

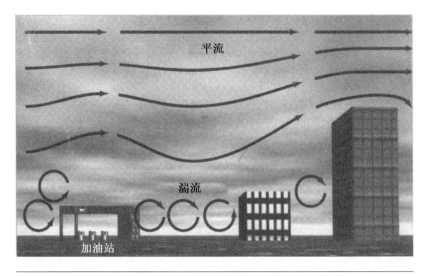

平流

湍流

加油站

图47　飓风为什么会把屋顶卷入空中

是推还是拉？

风会从下面向上施加作用力，把飞机或屋顶抛入空中。另外，在多数事故中，风也会从上面提起机翼或屋顶，就像是向上施加作用力。当机翼或屋顶倾斜到适当程度，其大块面积面对着风的时候，下面巨大的推动力才开始。

1738年瑞士科学家丹尼尔·伯努利（1700—1782）发现了产生上述现象的原因，他的发现被称为伯努利原理，他提出移动的流体（液体或气体）中的内在压力比静止的流体的内在压力低。

他的理论乍听起来好像是错误的，因为人们想当然地认为移动的空气比静止的空气施加的压力大，然而事实并非如此。我们可以通过例子看一下。把一个一分钱的硬币放到桌子上，硬币距离桌边0.4英寸（1厘米）远。蹲下身子，这样你的嘴就会与桌面齐平。对准硬币上面使劲吹，硬币就会跳起，因为你这么一吹，硬币上面的气压就会突然下降。换一种做法，并排放两张打印纸（纸的大小不重要），两张纸间的距离为1英寸（2.5厘米），在它们中间轻轻地吹。你也许会认为它们会向两边移动，然而事实上它们却互相靠近。这也是由于风吹动使气压下降。

这一原理听起来错误，是因为我们认为风或河流中快速流动的水对障碍物施加的作用力相当大，增加了对障碍物的压力。然而事实上压力却下降了。但是伯努利感兴趣的压力是内部压力，即流体内的压力，而不是流体作用于外部物体的作用力。作用力和压力不是一回事。

日常生活中的很多器具都可以应用伯努利的原理。例如，喷枪有一根管子,在管子的一端吹入空气,在管子的另一端灌入液体。移动的空气气压下降,会使平常的(即较高的)气压施加作用力,使液体沿管子上升。图48显示了这一运作原理。汽化器把燃料和流动的空气融合在一起也是应用了同样的方法。

杠杆推动气泵,空气被吸引到管子的顶端,这样管子上端形成低压区。贮液器中的气压使液体沿管子上升,气流使液体穿过喷嘴,喷出水滴。

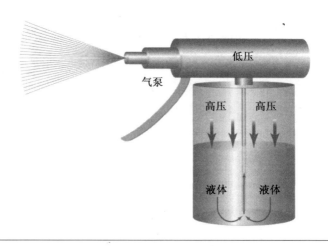

图48 喷枪的运作原理

你可能已经了解伯努利原理。如果你骑自行车,当汽车从你身边驶过的时候,你会感觉你在向汽车方向靠近,所以,你得把好车舵免得与汽车相撞或摔倒。这是因为正在行驶的汽车吸引空气向汽车方向靠近,这样你和汽车之间的空气压力比远离车辆的另一侧空气压力低,气压差向你和你的自行车施加了靠近汽车的作用力。再有,汽车行驶的速度越快,使你靠近汽车的作用力就越大。

当两列相对疾驰的特快火车相遇时,也会发生类似的现象。一列火车施加的空气作用力与另一列火车施加的空气作用力撞到一起,发出沉闷的撞击声,就好像产生一股冲击波。冲击波一过,两列火车间下降的气压使它们相互吸引。铁路工程师了解这一现象,所以火车的设计考虑了火车承受这一作用力的因素。

冲淋浴时所使用的浴帘也会产生类似的现象。如果水压大,水流动的速度就快。当喷头喷水时,浴帘就会被吸向喷出水的方向。如果淋浴间空间小,浴帘甚至会贴到你身上。喷出的水滴被层层空气环绕,水滴拉动周围的空气一起下落,所以会产生与水流方向相同的风,这就造成喷水区域的气压比浴帘外面的气压低一点。浴帘外面的较高气压施加作用力,向内推动浴帘。这也是伯努利原理在起作用。我们了解了运动的流体的压力和速度的关系,就明白了飞机和屋顶飞向空中的原因。

为什么飞机会飞

当空气平稳地流过像突起的屋顶或机翼的上端这样凸凹不平的表面时,会比周围没有越过表面的流动空气移动更远的距离。如下面图49所示,不会因为行进的路程长就多给一些额外的时间,所有的空气都聚集在物体表面的一侧,这就是说,行进较长距离的空气必须快速移动,所以空气里面的内在压力就会较低。伯努利用数学公式表示:运动的流体的压力与其运动速度的平方成比例,$p+1/2\ rV^2=$一个常数。其中p是压力,r是浓密度,V是空气(或液体)的速度。

当飞机静静地停在地面上时,机翼上下的气压相同。一旦飞

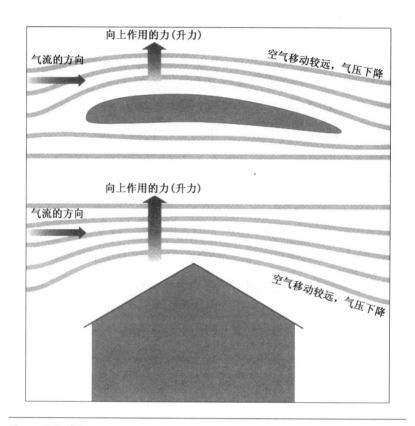

图49 伯努利原理

机开始向前移动，机翼表面上的气流移动较远，所以机翼上表面气压下降。飞机移动的速度越快，机翼上面的气压下降得就越快。当机翼上下的气压差比飞机的重量大时，飞机开始离开地面起飞。

飞机起飞是由于升力的作用，就好像是从上面施加飞机向上的拉力一样，但这不是飞机起飞的原因。由于机翼上下有气压差，从下面施加飞机向上的推力才能起作用。当然飞机不仅仅是机翼一部分受这种作用力，包括机身和水平尾翼，所有凸面都会受这种作用力。直升机的旋翼叶片是可移动的机翼,跟靠螺旋桨推进的飞机一样,也会产生提升作用,但是升力是水平的,而不是垂直的。

气流必须是平稳的(用技术词汇叫层流)。如果是湍流,里面就会有无数小旋涡,这就减慢了气流的速度,因此降低了升力。随着湍流范围的扩大,表面气压上升,直到与周围气压相等为止,这样就没有了升力。当飞机的空气速度下降到一定程度,飞机就会失速。如果汽车抛锚,发动机就会停止。飞机失速与发动机无关,它是指飞机丧失了升力,就会造成飞机开始下降。是机翼丧失了升力,而不是发动机停止。

假设飞机正面对着风停在地面上,空气在机翼上方流动,就好像是空气静止不动,而飞机在向前移动。升力会对机翼施加作用力。如果风速增加到足够大,升力也许会超过飞机的重量,当然飞机不会起飞,但是飞机会离开地面。因为飞机没有向前的作用力,又是不均匀地离开地面,所以飞机升起维持不了多久。一个机翼也许比另一个机翼升力大,飞机机头或机尾也许会升起,飞机立即失去升力而失速。由于受风的作用飞机变得完全不平稳,这样风会吹翻飞机使其颠倒了个。飞机一旦翻倒,就更加平稳,因为机翼上流动的风所产生的升力会向地面施加作用力。

屋顶为什么会被卷入空中

楼房的设计没有飞的功能,所以与飞机相比缺少空气动力学方面的功能。风是一种运动的空气,它越过突出的屋顶的距离越长,速度越快。因为运动的空气在加速,所以屋顶上的气压下降的比率与风速的平方成比例。在屋顶下面的建筑里,气压不变,所以屋顶上下有施加作用力的气压差。就跟飞机机翼的升力一样，这种力会向上施加屋顶作用力，较高的气压从建筑里向上推动屋顶。

这种气压差不可能大到足以使建筑突然向外破裂。也许有人曾告诉你，在猛烈风暴发生期间，例如，可以产生龙卷风的风暴，应该打开一些窗户，使室内室外的气压相等。如果不这样，室内正常的气压与室外的低气压间的气压差有可能使房屋突然爆裂。这是无稽之谈。飓风经常会产生龙卷风，但是最猛烈的风暴的中心气压从不会降到足可以摧毁屋墙、砸碎门窗的程度。

气压差能折断用于牢固屋顶和屋墙的绳索，拉动屋顶离开建筑。屋顶一旦离开建筑，比失控的飞机更不稳定。由于气流的作用，也许一侧会下垂，屋顶倾斜。如果迎风的一侧下垂，升力会增加，屋顶会向上翘。如果相反的一侧下垂，最大风力会作用于裸露的屋顶底侧，屋顶就被水平地卷入空中。如果屋顶由于气流作用向左或向右倾斜，屋顶就会呈弧线形卷入空中。另一种特殊情形也会发生，即屋顶先向一侧倾斜，然后又向另一侧倾斜，经过一段短暂时间的打滚、弯曲、旋转后卷入空中，坠落到地上。

不平稳飞动的飞机不会对人造成伤害，因为周围没有人，但是飞入空中的屋顶也许会撞到其他建筑、落到汽车上或砸到路上的行人，所以对人们生命和财产造成很大破坏。

飞入空中的石板瓦很危险，它们会产生足够的升力，行进一段距离。一块屋顶石板瓦尽管小，也有几磅重，并且边缘十分锋利，断裂的石板瓦还会有锋利的尖角。许多人受到这些空中飞舞的石板瓦的袭击，伤势很重，有些人甚至死亡。

风暴潮

1995年10月,飓风"奥帕尔"越过墨西哥和美国佛罗里达州,造成大约40亿美元的损失。造成巨大破坏的不是风,而是飓风引发的洪水。从这一点上来看,飓风"奥帕尔"是典型的飓风。

热带气旋带来的倾盆大雨会引发洪水,因为短时间内大量降雨远远超过了平时的降雨量,这样自然界排水系统来不及排除这么多的雨水。

通常,当雨水落到地面上时,多数的水会渗透到土壤里,这样水积蓄在浅表层。植物的根吸收土壤中的水分,通过蒸腾作用返回到空气中。一些水通过土壤上升到地表,从地表蒸发掉。其余的继续下渗,到达能够阻止液体渗透的岩层或密实的泥土,水就这样聚集在一土层之上。地面的水流和地表的溪流、河流融汇到一起,形成排除多余水的排水系统。然而,如果雨量很大,一些水就会形成地面径流而流过地表。因为水滴会冲击土壤颗粒,在地表面形成薄薄的密实的土层,这样水更难以垂直排到土壤中。

当没有地方排水的时候

当48小时内降水达到20英寸(508毫米)或以上时,自然界排水系统就失去作用。1994年7月,热带风暴"阿尔伯特"在美国佐治亚州一些地区带来24英寸(610毫米)的降雨,在佐治亚州、阿拉巴马州和佛罗里达州形成洪水,这三个州被宣布为全国受灾地区。1993年10月,热带风暴"弗洛"带来的降雨引发了泥石流,菲律宾吕宋岛的200多户人家被埋葬在泥石流中。1998年的飓风"米切"是最近几年袭击加勒比海和中美洲的最猛烈的飓风,飓风带来的降雨造成很多人死亡。飓风"米切"在一些地区每天有12—24英寸(305—610毫米)的降水。风暴持续的6天中降水量高达75英寸(1 905毫米)。

当雨量达到一定程度时,雨水降到地面的速度超过了水渗入地下的速度。多数的水在地表流淌,快速流向山下,一些流入河流,一些积蓄在低洼的地表。这样河流水位上升,最终冲出河堤,暴发洪水。

当海水上涨的时候

飓风除了引发洪水外,还会使海水上涨,超出海平面10英尺(3米)或以上时,激起的巨大海浪袭击内陆,对沿途一切造成破坏。海平面的突然上涨叫做风暴潮。

飓风"米切"只产生小风暴潮,但是2001年9月发生在美国佛罗里达州沿海的热带风暴"戈登"却产生了6英尺(1.8米)的海浪。飓风"奥帕尔"产生的12英尺(3.7米)的海浪袭击了美国海岸。正是这些海浪及引发的洪水造成大部分财产损失。

历史上有一些风暴潮比这些更猛烈,后果更严重。1961年台风"墨罗特2号"产生13英尺(4米)的风暴潮,海浪冲击了日本的大阪城。1992年8月下旬,热带风暴"波莉"在中国天津港造成20英尺(6米)的风暴潮。1979年"弗雷德里克"飓风在美国阿拉巴马州的莫比尔海湾入口处造成15英尺(4.6米)的风暴潮。

尽管上面提到的风暴潮很大,但是与历史记载的最大的风暴潮相比还逊色很多。1899年3月,历史上最大的风暴潮发生在澳大利亚昆士兰北部梅尔维尔角附近的巴瑟斯特海湾。这次风暴叫做海湾飓风"巴瑟斯特"，产生42英尺（13米）高的风暴潮。海浪摧毁了一个采集珍珠的船队，100艘船上的水手都沉入海里丧生，岸上也大约死亡100人。

巴瑟斯特海湾遭受了历史上最大的风暴潮，但是造成的损失却不是最大。损失最大、最致命的风暴潮发生在1900年的美国得克萨斯州的加尔维斯顿岛（参见"历史上著名的飓风"），那里人口密集，全岛屿都受到风暴潮袭击，损失惨重。

风力和水

由于空气有质量，所以风会产生破坏作用。当风移动的时候，会对行进路径上的物体施加作用力。我们日常生活中可以感受到风力的存在。刮风的时候你能感到风的压力。也许你感觉不到移动的水的压力，但是它比风的压力大，因为水的密度比空气的密度大得多。1立方英尺空气的质量大约是0.075磅（1立方米空气的质量大约是1.2千克），1立方英尺水的质量大约是62磅（1立方米水的质量大约是1吨）。水的质量是空气质量的800多倍，所以在速度相等的情况下，流动的水施加的作用力是流动的风的800多倍。

除此之外，阵风大大增加了风力。阵风以不同的风力从不同的方向连续地吹，一系列的风波撞击建筑物，从上面越过或从侧面绕过建筑物，再以相反的方向往回吹，所以风施加了又推又拉的作用力，阵风的连续吹打具有更大的破坏力。

海平面升高

四种因素的作用会产生风暴潮。产生风暴潮的第一种因素是热带气旋内的气压下降,这会引起风暴风眼下的海平面升高。过去我们习惯于认为"水会找平自己的水位"。如果在一个装满水的无盖容器的底部用一根管子与另一个同一水平高度装了一半水的容器相连,水就会从装满水的容器流到装一半水的容器,直至两个容器的水位相同。两个容器水位相同的原因是各个容器水面上的气压相同。空中的大气对两个容器中每平方米的水的压力相同,这就是用虹吸管从一个容器吸到另一个容器的原因。

海洋上,各地的气压不同,所以海洋上空的气压在各处不一样。气压高的地方,海平面下降,气压低的地方,海平面升高。令人吃惊的是,各处的海平面也不一样。每平方英寸气压下降0.07磅(1毫巴)可以使海平面上升0.05英寸(13毫米)。卫星上的仪器能够准确测量海平面的高度,气象学家根据这些测量数据,准确计算出海平面的气压。

1级热带气旋风眼下方的气压(参见补充信息栏:萨菲尔/辛普森飓风级别)比平均气压每平方英寸15磅(1 013毫巴)低每平方英寸0.5磅(36毫巴),最强的气旋(5级气旋)的气压也许要低每平方英寸1.5磅(100毫巴)。在1级飓风中,这些气压会使海平面大约升高14英寸(35.5厘米),在5级热带气旋中,会使海平面大约升高40英寸(1米)。当飓风风眼靠近海岸时,海平面会上升到这种高度。即使海平面上升得不多,但是如果正好碰上高潮,也可以在低洼的沿海地带造成洪水。

潮汐

海洋潮汐是由地球的自转和地球、月球、太阳之间的万有引力的共同作用而引起的。如果你在长绳子的末端系上一个重物，绕圈旋转，重物就会向外施加作用力，绳子就会拉紧，这是由于离心力的作用。事实上，阻碍移动的物体继续以直线移动是受了另一种力——向心力的作用。绳子拉紧的作用力，就是向心力，阻止移动物体以直线移动。移动的物体继续以直线移动是受了惯性力的作用，这时没有离心力。在地球上，万有引力起的就是绳子的作用，由于向心力的作用，使得我们不会飞到太空去。海洋起的就是重物的作用，它在地球上向外施加作用力，由于离心力的作用，使得海水上涨。

主要来自月球的万有引力会改变这种效果。月球吸引海洋，直接在地球相反的两侧引起海平面上升。一处海平面上升直接在月球下面，那里月球引力最大；另一处是在地球的另一侧，那里月球的引力降低了地球的引力，使海水凭惯性上升。太阳也起作用，但是太阳的作用比月亮的小。万有引力的下降与星体之间的距离平方成比例，这是牛顿发现的平方反比律。因此从地球到月球和从地球到太阳的距离差意味着地球和月球之间的引力是地球和太阳之间引力的2倍。

当地球、月球和太阳位于同一直线时，由于地球的自转增加了海平面的上涨，这就产生了大潮汐（高潮）。当月球和太阳与地球自转的平面成直角时，会产生小潮汐（低潮）（参见图50）。大潮在新月和满月时出现，小潮在上弦月和下弦月时出现。

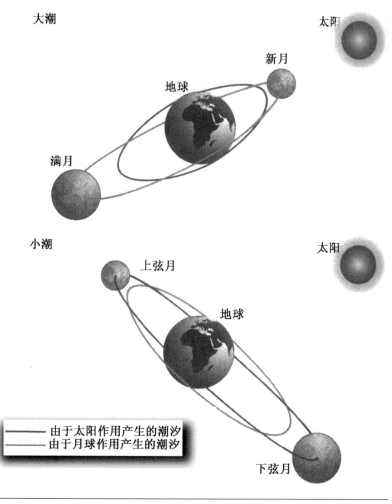

大潮

太阳

新月

地球

满月

小潮

太阳

上弦月

地球

—— 由于太阳作用产生的潮汐
—— 由于月球作用产生的潮汐

下弦月

图 50 大潮和小潮

　　海水的上涨是由于地球和月球之间的引力,那么海水的上涨与每12小时25分绕地球一周的月球有关。当月球在赤道正上方时,左右半球海洋潮汐高度相等;在其他时候,一侧潮汐总是比另一侧大。

　　潮汐像海浪一样在海上移动,不要把潮汐与海啸相混淆。海啸只有 2 英尺(60 厘米)高,但是当海啸到达海岸或海湾这样封闭的地区时,击打海岸后会折回海里。如果折回海里的海浪最高点和最低点正好与潮汐产生的海浪一致,就会有更大的潮汐流动。在加拿大的芬迪湾,这种折回的海浪产生大约 50 英尺(15.25 米)的大潮。由于潮汐的大小和形状,芬迪湾出现了世界上最大的潮汐。在美国马萨诸塞州的波士顿,潮汐平均高度为 9 英尺(2.7 米),大潮平均为 12 英尺(3.7 米),小潮平均为 6 英尺(1.8 米)。由于低压,2 英尺(60 厘米)的海平面潮汐会上升到 12 英尺(3.7 米)的大潮,海洋也许会淹没沿海低洼地区。

风暴大浪

　　产生风暴潮的第二种因素是热带气旋也会产生风吹动的巨大海浪。海浪从风暴中心向外移动。在北半球,在风眼的右侧,因为风吹动的方向与风暴行进的方向相同,所以风吹得最猛烈,形成的海浪比通常的海平面高。

　　海平面上涨引起风暴大浪和浓密水雾。当风暴越过海岸线时,风眼右侧吹向陆地的风会把大量的水直接吹到陆地。

　　由于高潮的存在,使海平面上升的低压和被风吹动的海浪会使海平面上升。这是产生风暴潮的第三种因素。高潮对沿海地区构成威胁,高潮最终是否会对沿海造成破坏取决于沿海本身,这是产生风暴潮的第四种因素。

海岸渐渐倾斜

陆地不是在入海处就立即结束。事实上，海岸是山坡。当你靠近海洋时，你是在下山，海岸线标记出海洋达到山坡的高度。斜坡或多或少陡峭，但是陆地海岸总是斜坡，从没有垂直的，即使有悬崖也如此。悬崖是由于海洋的作用力形成的，数千年来海水不断冲击岩石，凿成山坡，但是在悬崖脚下海水相当浅，被淹没的地表倾斜入海。图51显示了海岸是如何被逐渐侵蚀，由微微倾斜的海岸变成高高的海洋悬崖。

由潮汐到达的海岸线处继续向海里延伸的斜坡叫大陆架。大陆架是位于海平面以下的一部分大陆，非常平缓的斜坡向海里延伸相当长的一段距离。各地大陆架延伸范围不同。例如，加拿大大西洋沿岸，大陆架延伸250英里（400公里），但是在北美太平洋沿岸只延伸几英里。大陆架边缘是大陆的实际边缘，在这里大陆坡度突然变得陡峭。大陆坡在1.2—3英里（2—5公里）深的海洋处结束，从这里海底延伸下去是宽阔、平坦的海底平原。图52显示了海底大陆状况，同时也显示了海岸逐渐倾斜入海的状况。注意图例A和图例B的重要区别。图例A显示了海浪和风暴潮冲击陡峭海岸的状况。图例B显示了海浪和风暴潮沿平缓坡度行进很长一段距离的状况。所有的大陆都是这样，但是海洋中的岛屿是突出于海平面之上的水下山脉或火山的顶部。

当海浪冲击海岸时

海浪是产生于水中的扰动，水本身不是向前运动，而是做垂直运动（严格地说，是绕小圈运动）。如果把绳子的一端系在支柱上，

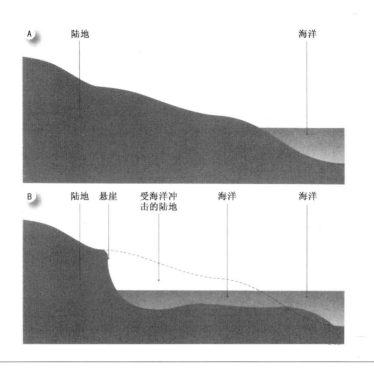

图51　海洋悬崖是如何形成的

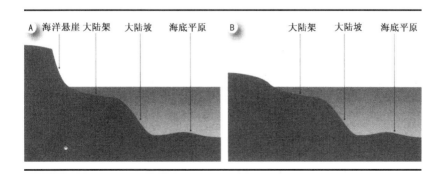

图52　陆地如何与海洋交汇

摇晃绳子的另一端，绳子上就会产生波动，但是绳子本身只是做上下运动，不会随波浪向前运动。

一个波峰与另一个波峰之间的距离叫做波长。振幅是每个波峰的高度和每个波谷的深度与未受扰动的水位之间的关系。海浪的高度是波谷与波峰之间的距离，是振幅的2倍。海浪的陡度等于海浪的高度除以波长。两个波谷经过某一特定点的时间叫做波周。许多海浪一起运动，前浪过后，后浪紧随其后，后浪越过前浪，消失在海洋中。大片海浪的运动速度是单个海浪的一半，海浪总是以大片海浪的速度行进。

当大片海浪靠近海岸时，不断地涌入浅水区。当水的深度与波长的一半相等时，由于接触到海底，海浪底部的垂直运动被减弱，这减慢了海浪向前运动的速度。随着水的深度逐渐变浅，行进的海浪就越来越慢。

然而，波周不变，因为海浪继续以同样的速度在深水运动。如果海浪的前进速度降低，但每分钟越过某一定点的海浪数量相同，那么一定是一个海浪与下一个海浪的距离缩短了。当大片海浪的速度降低时，各个海浪的波长也减少，海浪继续保持未减少的能量。当海浪速度减慢时，很可能是它们的高度增加了。

海浪靠近海滨时会减慢速度，但是会变得更高，每个海浪与下一个海浪间的距离减少了。海浪达到的高度有限度。虽然水似乎只做垂直运动，但事实上，水微粒在做圆圈运动。当海浪升高并且很陡时，水微粒就运动得较快。海浪波峰上的微粒比海浪本身运动得快，这时海浪变得不稳定，其波峰向前涌动，这样就变成了浪花。

当四种因素汇集在一起时，就形成了风暴潮。低压使海平面上升,水会上涨到平常高潮水位之上;猛烈的风在上升的水上端产生巨大海浪;当这些海浪靠近海岸时,海洋逐渐变浅,这使海浪更高更陡;风暴海浪会冲击海岸,但是只有在潮汐很高,特别是在高潮时产生的海浪,才有助于形成主要的风暴潮。

风暴潮有多大?

每个热带气旋都可能引起风暴潮,但是风暴潮的大小和程度都取决于海岸的形状。如果海岸大陆架陡直插入深海的话,那么海浪在进入浅水区之前,就离海岸相当近。所以尽管我们知道浅水区会使海浪变得更大,但是海浪没有沿狭长的斜坡行进,因而没有形成较大的海浪。许多海洋岛屿由于这个原因,不会受最猛烈的风暴潮的袭击。海洋岛屿是突出于海平面之上的水下山脉或火山的顶部,山脊陡直入海。美国东部沿海坡度浅,大片陆地超出平均潮位线10英尺(3米)或以下。风暴潮海浪可以变得很大,在到达陆地之前行进相当长的一段距离。海湾和其他部分封闭地区可以折回海浪,这样更增加了海浪的大小,因而风暴潮影响更大。

风暴潮也会在沿海产生流动能量很大的海流,这些海流严重侵蚀海岸,有时甚至冲击到靠近海岸建筑的高速公路。

大雨和风暴潮使水成为飓风最危险的一面。

历史上著名的飓风

热带气旋完全是自然现象,科学家对此一直在进行研究。当它们袭击陆地时，世界各地的人们几个小时内就可以通过电视看到所发生的一切。即使他们远离受灾地区，也会慷慨地伸出援助之手，救助受灾的人们。我们十分关注天气给我们造成的危害。

最近50年，由于科技进步我们可以通过卫星更好地观测天气，了解关于风暴的科学知识；也同时观测、记录一些没有抵达海岸就已消失的气象系统，这些在地面上是观察不到的。我们现在比过去记录了更多的热带气旋，但这并不是说现在热带气旋的发生比过去频繁。在过去，热带气旋给人们带来很大的危害，有些历史上甚至无所记载。

乔纳森·迪金森和丹尼尔·笛福

有些历史上发生的风暴因为其他事件而被记录在案。例如，在1696年，从牙买加驶往美国费城的一队基督教贵格会教徒在海上遭遇飓风，午夜在佛罗里达州帕姆海滨北侧、现在叫朱庇特岛的地方沉入海底。其中的一个幸存者，乔纳森·迪金森描述了整个事件的过程及沉船后逃生中所经历的千辛万苦。后来佛罗里达州的一个公园以乔纳森·迪金森这一名字命名。

其他风暴由于造成的破坏程度大，也不会被人们忘记。例如，在1099年，穿越英吉利海峡的飓风产生了巨大的风暴潮，造成英国和荷兰沿海10万人死亡。那时的人口不到现在人口的10%，所以死亡10万人相当于现在的100万人。除了人员死亡之外，还造成了巨大经济损失，劳力短缺造成大部分地区工资上涨。这次灾害被记载下来也就不足为奇了。

另一次记入历史的风暴是因为其造成的令人惊叹的破坏程度。

在1674年12月21日,具有飓风风力的大风吹倒了苏格兰森林全部的树木。

1703年,飓风袭击了英格兰南部,《鲁宾逊漂流记》的作者丹尼尔·笛福(1160—1731)在他的作品中描述了这一飓风。这次风暴引发了龙卷风,笛福亲眼目睹了橡树躯干被折断的情景。

这次飓风是在11月24日大暴雨过后开始的,飓风开始猛烈地刮,到11月26日和27日达到最大强度。根据笛福描述,当时人们保持警惕,不敢出门或睡觉,但是躲在屋里也未必安全。巴思城的主教威尔斯在睡觉时被落下的烟囱砸死。在南部沿海,普利茅斯附近的艾娣斯通灯塔被冲走,12艘战舰及其他船只沉入海底。塞汶河和泰晤士河河水泛滥。当风暴向东移动时,荷兰沿岸大部分地区被淹没。总计大约8 000名水手丧生,沿海洪水中死亡人数无法计数,1.4万座房屋被摧毁。在英格兰东南部的肯特郡,110座房屋和马厩被摧毁,仅在一地1.6万只羊被淹死。在英格兰,总计100座教堂、800座房屋和400座风车被毁坏。一些风车由于强风的作用转动得太快,以至于摩擦力产生足够的热,导致风车着火。仅伦敦遭受的破坏估计达200万英镑(按18世纪的价格计算)。这次飓风是英格兰遭受的最猛烈的风暴,另一次在12月7日和8日发生的飓风更为强烈。

也有影响战争进程的飓风。1854年9月,在克里米亚战争中,英国军队攻打乌克兰(那时是俄罗斯帝国的一部分)南部的克里米亚。一场小战役失败后,英国军队被迫驻扎在那里过冬。英国舰队及时送来过冬物品,但是俄罗斯军队在开凿塞瓦斯托波尔港口,船不得不停在黑海的外面。11月14日,英国运送过冬物品的船只在海上被飓风摧毁,这一意外事件造成许多士兵死亡。

加尔维斯顿悲剧

如果以丧生人数为测量标准的话,美国历史上损失最惨痛的热带气旋是1900年从8月27日持续到9月15日的那一次,但是破坏的时间总共只几小时。这次风暴在加勒比海形成,穿过墨西哥湾,9月8日到达得克萨斯州的加尔维斯顿。风速达到每小时77英里(124公里),阵风风速达到每小时120英里(193公里)。它看上去不是最猛烈的飓风,但是跟多数飓风一样,它带来了风暴潮,正是飓风带来的雨水造成大部分的破坏(参见"风暴潮")。

加尔维斯顿是位于加尔维斯顿岛的一个港口,现在是旅游胜地。加尔维斯顿岛把加尔维斯湾和墨西哥湾分开。加尔维斯顿岛宽3英里(5公里),平均高度在海平面4.5英尺(1.4米),岛屿最高点在海平面8.7英尺(2.6米)。1900年加尔维斯顿有将近4万人口,那里经济昌盛,美国2/3的棉花作物和大量的粮食作物都在这里运营。

当时,美国气象局已经发出风暴即将来临的警报,但是加尔维斯顿市民没有太在意。9月8日星期日黎明时分,大风呼叫,暴雨倾泻,气压也随之迅速下降。一些人离开岛屿,另一些人在市中心大楼里躲避风雨,但是有许多人早晨在海边徘徊,对冲向海岸的巨大激浪感到很惊奇。接近中午,风以每小时50英里(80公里)的速度猛烈地吹,开始由北风转为东风,这有利于风暴潮的积聚。

随着风暴风眼渐渐接近,海平面上升。到中午时,横跨岛屿和大陆的桥梁被淹没,这样阻断了唯一的逃生路线。下午,破坏力巨大的风摧毁了海滨附近的建筑,不一会,整座城市被深4英尺(1.2米)的水淹没。多数用木头建造的房屋地基被风吹垮,散了架,横梁板和房屋其他残骸被卷入空中,打死或打伤一些正在逃生的人。直到晚上10点钟,风渐渐减弱,飓风才开始离开。

第二天一大早,人们开始查究受灾地区和受损状况。2 600多座房屋被毁,1万人无家可归,至少8 000人死亡,5 000人受伤。只有几栋砖建筑没有被吹倒。加尔维斯顿城大部分成为布满木头和瓦砾的废墟。

加尔维斯顿城遭受这次风暴后,经济地位减退。当然,除了飓风造成的破坏是一个原因外,还有其他原因。作为一个港口,加尔维斯顿竞争不过其他内陆城市,特别是无法与休斯敦相抗衡。1900年飓风后,加尔维斯顿城建造了一座长10英里(16公里)、高17英尺(5.2米)的防潮堤,用来抵挡飓风。沿防潮堤建造了一条宽敞的林荫大道,这更增添了旅游胜地的休闲氛围。当1915年8月又一次飓风袭击时,尽管防潮堤起了一定的防护作用,但是17英尺(3.7米)高的风暴潮淹没了城市达5—6英尺(1.5—1.8米)深,这次风暴造成275人死亡。

袭击加尔维斯顿最凶猛的一次飓风发生在1961年9月,防潮堤又一次起了一定的防护作用。尽管这次大风和洪水造成大范围的破坏,但是死亡人数不到50人。

佛罗里达州和劳动节风暴

水永远是祸害的根源。1928年9月发生在佛罗里达州的飓风是20世纪美国排名第二的最猛烈的飓风。狂风呼啸,暴雨倾泻,造成奥基乔比湖的湖水泛滥,冲入人口密集的地区,水造成1 936人死亡。灾难过后,在湖周围建筑了堤岸,加以防护。当1949年8月下一次飓风袭击奥基乔比湖时,尽管风速每小时达110英里(177公里),阵风达每小时153英里(246公里),但是湖水没有泛滥,只造成2人死亡。

1935年的劳动节风暴比佛罗里达州的风暴更猛烈。这次风暴发生在佛罗里达半岛南部,风速达到每小时150—200英里(241—322公里),风眼气压为每平方英寸12.9磅(892.4毫巴),造成408人死亡。据记载,这是1988年飓风"吉尔伯特"发生之前的西半球气压最低的一次飓风。

劳动节风暴的死难者很多是退伍老兵,他们来到这里帮助建设美国1号高速公路。与当地居民不同,他们住在帐篷和简陋木屋里,他们以前从没经历过飓风,根本不了解飓风现象。9月2日大约中午时候,风暴快速逼近,他们打电报叫火车从迈阿密来,准备撤离,其间耽误了一段时间,直到晚上8点后火车才到。乘客刚刚上了火车,这时,一股巨大的风猛吹过来,火车脱离铁轨翻倒,有10节车厢被吹了100英尺(33米)远。大多数老兵死亡,车厢中死亡的还有准备逃离的当地居民和游客。

水造成的破坏

美国东南沿海有大片低洼、平整的土地,那里海底浅坡造成风暴潮海浪变大,偶尔能淹没内陆大范围低地。1915年发生在路易斯安那州的飓风造成许多人死亡。当时尽管事先发出飓风警报,但是人们仍呆在位于低洼地带的家中。结果泛滥的洪水冲进低洼地区,造成惨重的损失。1957年发生在路易斯安那州沿海的飓风"奥德丽"造成12英尺（3.7米）以上的风暴潮,导致内陆25英里（40公里）洪水泛滥。

1969年8月17日,飓风"卡米尔"造成24.2英尺（7.4米）的大风暴潮。风暴潮越过克里斯蒂安山口处的密西西比州海岸。虽然海水没有淹没内陆,但是飓风"卡米尔"在8小时内造成弗吉尼亚州27英寸（686毫米）的降水,风速可达每小时100英里（160公里）,阵风高达每小时175英里（282公里）。大雨造成突如其来的洪水,洪水中有109人死亡,还有另外41人死亡原因不明。在两州共造成255人死亡,68人下落不明。1940年8月,当飓风穿越佐治亚州、卡罗来纳州和田纳西州时,大雨引发的洪水造成30人死亡,大风造成20人死亡。

向北行进的风暴

美国东南沿海各州和墨西哥湾沿海各州最容易受飓风袭击,但是北部很多州也逃脱不了飓风的袭击。1938年9月发生在纽约州长岛和新英格兰南部的飓风造成600人死亡。飓风到达马萨诸塞州时,风速为每小时121英里（195公里）,阵风达到每小时183英里（294公里）。

其他发生在1944年、1954年、1955年、1960年、1972年、1976年、1979年、1996年（飓风"伯莎"）和1999年（飓风"弗洛伊德"）的飓风也对新英格兰造成破坏。下表列出了自1886年以来袭击东北部各州的飓风和热带风暴的次数。

表2 自1886年以来袭击东北部各州的飓风和热带风暴

州	飓 风	热 带 风 暴
纽约州	7	6
康涅狄格州	5	5
缅因州	3	3
新泽西州	2	2
马萨诸塞州	2	1
罗得岛州	1	0

的确，在1954年，新英格兰遭受3次飓风袭击。这年8月份，飓风"卡罗尔"造成比在此之前历史上任何一次风暴都更大的财产破坏，主要是因为风暴潮引发的洪水淹没了许多低洼地区。人们刚刚摆脱灾难的阴影，9月份又发生了飓风"埃德娜"，在马萨诸塞州沿海的马撒葡萄园岛，阵风达每小时120英里（193公里）。

同年10月，第三次飓风——飓风"黑兹尔"袭击该地区。飓风"黑兹尔"是袭击北美的最大、最强烈的飓风之一，影响范围达9 000平方英里（2 310平方公里）。10月12日，飓风"黑兹尔"袭击了海地的三个城镇，造成大约1 000人死亡，同时也给距离500英里（800公里）远的波多黎各带来12英尺（305毫米）的降雨。飓风"黑兹尔"越过了巴哈马群岛后，风速增强，超过每小时120英里（193公里）。10月15日，在美国南卡罗来纳州的默特尔海滨附近登陆。在一些地区，风暴潮达17英尺（5.2米），对170英里（273公里）的沿海造成巨大破坏。然后，飓风转向北，风力加剧。在纽约城，阵风达到每小时113英里（182公里），继续向北移动，进入加拿大。

猛烈的台风

大西洋飓风经常很猛烈，但是单单就猛烈程度看，比不上亚洲台风。历史记载的最深的气旋是1979年10月发生在太平洋西北部的台风"提普"。10月12日，风暴中心距离关岛西北部520英里（837公里）。正在空中监测飓风位置和强度的飞机朝风眼里投下了降落伞携带的无线电探空仪，探空仪测出海平面气压为每平方英寸12.62磅（870毫巴），这是有记载的地球上海平面最低气压。台风"提普"风速持续达每小时190英里（306公里），阵风半径为675英里（1 086公里）。幸运的是，台风"提普"没有到达陆地，但是10月19日途经日本时，台风边缘对日本造成大范围破坏，导致36人死亡，富士山附近的军训基地12艘潜水艇被毁。

1959年9月，当台风"薇拉"越过日本本州岛时，摧毁了4万座房屋，150万人无家可归，死亡人数接近4 500人。1953年的台风摧毁了日本名古屋城1/3的土地，造成100万人无家可归。第二年台风袭击了日本北海道，造成1 600人死亡。1976年9月，台风"弗兰"袭击了日本南部，风速达到每小时100英里（160公里），造成60英寸（1 524毫米）的降水，32.5万人无家可归。1981年8月23日，发生在日本中部和北部的台风"泰德"造成2万人无家可归。

濒临中国海的所有国家都容易受台风影响。1980年7月23日，台风"乔"越过越南北部，造成300万人无家可归。1982年8月，韩国遭受两次台风。第一次台风叫台风"贝斯"，风速达每小时160英里（257公里），是5级风暴。台风"贝斯"引发了突如其来的洪水和塌方, 损失惨重。第二次台风叫台风"塞西尔", 风速达每小时 144英里(232公里), 是4级风暴。台风"塞西尔"造成3 000万美元的损失。

　　当然, 不是所有的台风都产生于中国海。许多台风从太平洋开始, 然后向西移动越过中国海。1984年9月发生在菲律宾的台风"艾克"造成1 300多人死亡, 100万人无家可归。台风"艾克"继续向西移动, 在濒临中国北部湾的广西壮族自治区沿海造成大范围破坏。中国沿海的风暴潮更危险, 因为在包括北部湾在内的许多地区, 大潮会达到20英尺(6米)高。

　　许多台风都经过菲律宾, 台风能产生强风。1984年11月的台风"艾格尼丝"产生每小时185英里(298公里)的大风, 造成300人死亡, 10万人无家可归。

　　台风不仅能摧毁易损的建筑物, 也能破坏牢固的建筑。1974年圣诞节, 台风"特拉西"完全摧毁了澳大利亚的达尔文市。1965年11月, 速度为每小时85英里(137公里)的大风摧毁了英格兰浮桥发电站的一座375英尺(114米)高的冷却塔。

印度洋气旋

　　现代最致命的风暴是气旋, 印度洋气旋的破坏作用相当大。1970年11月, 印度洋气旋袭击了孟加拉国, 大风和风暴潮造成30—50万人死亡。

　　1976年6月, 气旋摧毁了阿曼的马西拉岛上几乎所有的建筑。第二年11月19日, 气旋袭击了濒临孟加拉湾、印度东部的安得拉邦。气旋产生的风暴潮冲毁了21个村庄, 对另外44个村庄造成大范围破坏。气旋摧毁了很多房屋，造成2万人死亡，200万人无家可归。1985年5月25日，在孟加拉的梅克纳河三角洲岛屿，气旋产生了10—15英尺（3—4.5米）高的风暴潮，造成岛屿上1万人死亡。1978年11月23日，发生在斯里兰卡和印度南部的气旋造成大约45个村庄被淹、50多万栋建筑被摧毁、1 500人死亡。1984年4月12日，发生在马达加斯加的气旋风速达到每小时150英里（240公里），大风摧毁了马达加斯加城4/5的面积。1994年3月，发生在莫桑比克的楠普拉省的气旋，造成150万人无家可归。

风暴和海上英雄行为

热带气旋和温带气旋都是在海上形成和加剧，在海上比在陆地上更可怕、更危险。它们一旦抵达干燥的陆地，势力通常就会减弱。1703年，发生在英吉利海峡的飓风造成12艘船沉没。在第二次世界大战期间，当美国38特混舰队穿越台风"科伯勒"时损失惨重（参见"飓风内发生了什么"）。1945年夏季，同一个海军上将哈尔西指挥另一个美国舰队穿越台风"维佩尔"时，33艘船只受破坏，76架飞机被摧毁。1979年，在英格兰和爱尔兰之间举行的"法斯特耐特"快艇赛中，出发的320艘快艇遇到了突如其来的猛烈风暴，最后只有75艘快艇返航。

这些事件引人注目，但是其他事件由于鼓舞人心的英雄行为而载入史册。格雷斯·达令是最著名的女英雄之一，她是英格兰东北沿海朗斯通灯塔看守员的女儿。1838年9月7日早晨，当风暴把来自福法尔郡的豪华轮船冲到灯塔附近的岩石上时，她看到远处救生船上有几个幸存者，处境十分危险。格雷斯和她父亲立即划小船前去救助。他们顶着风暴,行驶1.6公里远,救出4个男人和1个妇女,随后格雷斯和其中的2个男人又划向海中救出其余的4个幸存者。格雷斯无愧为民族女英雄。

1981年12月,在英国西南部的康沃尔郡的一个小村庄,当强烈风暴发生时,1 400吨"联邦星"号船只撞到岩石上,"所罗门布郎"号救生船全体船员奋力前去救助,不幸丧生于风暴中。从那时起到现在,每年圣诞节时,海港内的船只和周围建筑的装饰灯都得熄灭一段时间,纪念船员们的英雄行为,以表示对他们的哀悼。

这些事件令人心酸,还有其他更令人悲痛的事件。1919年9月,发生在墨西哥湾的飓风使海上许多船只沉没,造成500多人死亡。1973年12月19日,在孟加拉湾发生的气旋造成200多条孟加拉国渔船沉没,1 000多人被淹死。1980年9月,台风"兰花"袭击了韩国,造成100多渔民死亡。1983年10月,发生在墨西哥的马萨特兰沿海的飓风"蒂科"也造成100多渔民死亡。

现在,美国"水手"号不载人航天探测器能够在空间观测站观测海洋和天气状况,向地面发出警报。如果提前做好警报,人们就会有适当的时间进行撤离。同时,救援人员也能以最快的速度到达受灾现场。现在热带气旋造成的人员死亡与过去相比少得多,但是人员伤亡仍然存在,居民的财产仍然受到极大破坏。

六

面对猛烈的风暴

如何命名飓风及追踪飓风路径

如果飓风即将来临，一定要知道飓风的强度及登陆时间。回顾最近几年发生的飓风，不妨做一下比较，以便分辨飓风、命名飓风。按飓风的到达日期来命名。例如，可以用"1900年加尔维斯顿飓风"这一名称。但是这一名称并没有说出飓风是否影响了本国的其他地区。另一名称"劳动节风暴"没有说出飓风在哪、在什么时间发生。

现代气象学家经常同时监测几个飓风，所以他们需要使用较好的系统进行分辨。以前，他们用飓风所在的纬度和经度来命名，这容易混淆，有些难处理。像12.3：54.7这一名称很难记，也许会与两个月后发生在同一地点的另一次飓风相混淆。

气象学家也曾使用过数字编码来命名飓风，标记出飓风发生的年代。例如，可以对发生在2003年的飓风命名为1：03，2：03等。也许这么做很有效，但有一个问题。在20世纪40年代，气象学家开始对热带气旋进行空中研究，船只和飞机上主要用莫尔斯式电码进行通信。莫尔斯式电码能有效地处理字母，但是处理数字很麻烦。用小圆点（·）代表一个短信号，用破折号（—）代表一个长信号。－－－－－－－－－...－－ 这一莫尔斯式电码代表1：03，这既费劲又容易弄混。

为什么不使用名字来命名呢？

当船只和飞机无线电开始直接用声音通信时，就废除了莫尔斯式电码。美国气象学家在1951年使用国际语音字母表按字母顺序进行通信。例如，Able、Baker、Charlie、Dog等等，但是在1953年采用了新的国际字母表（Alpha, Bravo, Cocoa, Delta等等）。字母表会引起混淆，也许一个人报道"飓风'Dog'"，另一个人报道"飓风'Delta'"，人们搞不清楚两者指同一飓风还是两个不同的飓风。所以这一命名系统也被废除。1953年，气象学家开始使用妇女的名字进行命名。

用人名命名飓风不算什么新想法。在西印度群岛，人们很早以前就以圣徒的名字命名飓风，这一做法在加勒比海岛屿也被采用。例如，1825年7月26日，席卷波多黎各的风暴被当地称为飓风"圣安娜"。用人名命名飓风其他地区也使用。1896年，发生在加拿大的"萨克斯比斯大风"是以一个海军军官的名字而命名的，据说这次大风是这个军官预测的。19世纪晚期，气象学家一直使用妇女的名字命名飓风。

用妇女的名字命名飓风一直持续到1978年，发生在太平洋东部的风暴也使用了男子的名字。在1979年，同时使用妇女和男子的名字来命名发生在大西洋和墨西哥湾的飓风，现在仍然交替使用男子和妇女的名字来命名（例如，安德鲁、邦妮、查理、丹尼尔等等）。从1979年起，也开始使用非英语国家的名字。

既然用名字替代国际语音代码，所以它们也得按字母顺序排列。例如，在2002年，第一个大西洋飓风叫飓风"阿瑟（Arthur）"，第二个叫飓风"伯莎（Bertha）"，以此类推，当然不可能所有的名字都用上。大西洋飓风名字用英语和西班牙语来命名，这两种语言中没有以Q、U、X、Y和Z开始的名字。

由于必须用不同的名字命名大西洋飓风和太平洋台风，因此所有的名字必须按字母顺序排列，这样就不会出现以同一字母开始的两个名字。也许用不了几年，就会用光所有的名字，这一问题容易解决。提前6年编辑飓风名单，第7年再使用第一年的名单，这样2001年大西洋飓风名单与1995年飓风名单相同，2007年飓风名单又重新使用2001年的飓风名单。北太平洋东部的台风名单同样也按6年一轮回循环。如果这样还会混淆不在同一年发生，但是名字相同的两次飓风的话，那么加上年代问题就解决了。2001年巴里飓风与1995年巴里飓风不是同一次飓风。

对太平洋中部的台风命名可以用略微不同的方法，即使用4张名单上的名字来命名。尽管名字是按字母顺序排列，但并不是字母表中的所有字母都被使用，每个台风都按名单上的名字依次分配。当名单1上所有的名字都被用完，下一次台风就可采用名单2上的第一个名字。当名单2上的名字都被用完，又依次采用名单3、名单4上面的名字。这些名字可以从第一年沿用到第二年，所以新一年的第一次台风名字紧接着上一年的最后一次台风的名字。

北太平洋西部的台风使用5个名单命名,方法与中部相同。台风的名字由这一地区的28个国家提出建议,每个国家提出5个名字,总计140个名字。澳大利亚、斐济、巴布亚新几内亚附近的风暴也用这种方法命名。在菲律宾附近海洋发生的台风由菲律宾气象局命名。印度洋北部的气旋不给予命名,但是自从1960年以来,对东经90°以西的气旋给予命名。

所有热带气旋的名字都列在本书后面的附录里。

已删除的名字

热带气旋季节一旦结束,人们对热带气旋的兴趣就会减退,然而,1992年的飓风"安德鲁"却是个例外,它被称作美国历史上损失最惨重的风暴。1969年的飓风"卡米尔"是破坏性最大的飓风之一。1998年的飓风"米切"是另一次造成巨大破坏的飓风。人们不会很快忘记这样的风暴,它们的名字会出现在关于气象学历史的文章中或者在保险索赔谈判中。如果再使用这些名字也许会造成混淆,因此需要把这些名字从名册中删除。

所有热带风暴和热带气旋的名称使用都必须经联合国世界气象组织(WMO)同意。受某一风暴严重影响的国家可以向世界气象组织申请,要求删除那个名字。名字一旦删除,至少10年内不准再使用这个名字。风暴发生地的世界气象组织成员国可以选一个新名字代替删除掉的名字,但是必须与删除的名字使用同一个字母、同一种性别和同一种语言。

如果名字引起混淆,即使没有新名字替代删除的名字,也不再使用。1954年和1965年"卡罗尔"和1968年的"埃德娜"由于这种原因已不再使用。大西洋和加勒比海飓风中不再使用的名字有"安德鲁（1992）"、"卡米尔（1969）"、"乔治（1998）"、"吉尔伯特（1988）"、"雨果（1989）"、"米切（1998）"、"奥帕尔（1995）"和"罗克珊（1995）"。

围绕大气扰动的空气开始旋转（北半球按逆时针方向）、风速超过每小时38英里（61公里）时，就进行命名，这时已成为热带风暴，势力加剧后会转为飓风。名字没改，只是把热带气旋改为飓风。

发布热带气旋警报

20世纪40年代末期，只有当热带气旋靠近大洋航线时，人们才能发现热带气旋，发出热带气旋警报，那时飞机几乎不在洲际航线飞行，也很少在浩瀚的海洋上空飞行。例如，开发得最好的北大西洋航线是美国纽约或加拿大蒙特利尔和英国伦敦之间的航线，中途可在加拿大拉布拉多城或纽芬兰、冰岛或爱尔兰岛、苏格兰的普雷斯特维克加油。

飞机的仪器设备一直在改进，飞机数量也在不断增加，这样，气象学家就可以不断使用安全飞行的飞机报告天气状况，特别是云底和云顶的高度。在飞机军事基地，如果想要知道在某种天气状况飞机是否适合起飞和着陆，通常让一个飞行员飞行，查看区域范围内的天气状况。当然，飞行员不会故意飞进雷雨云中。20世纪40年代的飞机比30年代的飞机要强大、牢固，发动机功能也比30年代的先进，所以穿越风暴飞行不会像从前那样危险。

到1945年，美国海军和陆军空勤人员在热带气旋行进路线上穿越气旋,记录仪器上的数据,供气象学家研究气象系统的结构。现在,飞机仍然执行科学任务,飞进飓风和台风中。美国国家海洋和大气局定期派飞机进入飓风和其他恶劣气象系统,做科学研究。美国是唯一定期派飞机穿越飓风来监测飓风的国家。

美国国家海洋和大气局使用自己的2架"WP—3D型"飞机和空军预备队的几架"WC—130型"飞机。"WP—3D型"飞机是由曾用于反潜巡逻的"洛克希德P—3C型"飞机改装的,"WC—130型"飞机是由"洛克希德C—130型"运输飞机改装的。两种飞机都配有涡轮螺旋桨发动机。"WP—3D型"飞机有8个机组人员和供10位科学家工作的工作区。飞机机头和机身尾部装有雷达,机尾装有多普勒雷达和其他仪器,来测量温度、气压、风速和风向以及湿度。雷达也测量水滴和冰晶体的大小和密度,它们把搜集的数据和显示风暴结构的图像发送给迈阿密的飓风中心。

飞机能够投下降落伞携带的无线电探空仪,搜集测量数据,通过无线电传给地面飓风中心。飞机也装备了投入海洋的浮标,叫做"空中可消耗海水测温仪系统"(AXBT)的浮标也能通过无线电传播数据。

气象卫星

当然,执行任务的飞机不能确定风暴的位置,但是可以确定所预测的风暴方向。卫星可以早期预测大气扰动。第一颗气象卫星是电视红外线观测卫星(TIROS),它是在1960年4月发射的,几天之内就把距离澳大利亚布里斯班800英里(1 287公里)处即将发生的台风图像发送给地面。电视红外线观测卫星现在叫国家海洋和大气卫星,仍在使用。卫星仪器对可见光和红外线感觉灵敏,可以扫描1 864英里(3 000公里)宽、1.2英里(2公里)高的范围。

现在,轨道上有许多气象卫星,每年还在发射2颗新的气象飞星。一些气象卫星交互重叠,形成网络一样的覆盖面或格局,对整个地球不间断地观测。

卫星可以发射到极地轨道、太阳同步轨道和地球同步轨道中的任何一个轨道,美国国家海洋和大气局的卫星是在极地轨道。极地轨道可以使卫星穿梭于南北两极,沿着覆盖整个世界的一系列轨道运行。在530英里(860公里)的高度,卫星每102分钟绕地球运行一周。当卫星沿轨道运行的时候,下面的地球在自转。在102分钟内,地球向东旋转25.5°。所以每一个轨道的卫星都得向上次完成的轨迹的西侧飞行25.5°的区域。太阳同步轨道与此类似,但是卫星保持在相对于太阳的同一位置。轨道大约在560英里(900公里)的高度,相当于地球半径的1/7,也经过极地附近,但是与经度线形成角度。太阳同步轨道卫星每100分钟绕地球运行一圈,一天内15次经过地球表面的每一点。

地球同步轨道卫星在赤道的正上方2.23万英

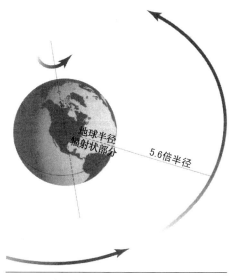

图53 地球同步轨道

里（3.6万公里）的高度,运行方向与地球自转方向相同。地球同步轨道卫星的高度相当于地球半径的5.6倍,轨道速度和地球的速度相等,所以卫星永远保持在赤道上的某一特定点。图53显示了地球同步轨道。地球同步运行环境卫星（GOES）是美国地球同步轨道气象卫星。其中的两颗卫星,东部地球同步运行环境卫星和西部地球同步运行环境卫星,任何时候都在运行。目前GOES—8和GOES—10各自在西径75°和135°轨道上运行。

GOES—8和GOES—10两个卫星监测位于大西洋西侧和太平洋东侧的南北美洲的天气状况。欧洲航天局拥有一个气象卫星（Meteosat）,日本拥有一个气象卫星（Himawari）和印度拥有一个气象卫星（Insat）。这五个卫星都在地球同步轨道上,可以观测几乎世界各地的天气（除了地平线下的南北极附近的小地区）。尽管这些地球同步卫星在很高的高度上,但是它们提供的图像跟极地轨道提供的图像一样清晰。

轨道卫星把信息传给拥有卫星的机构,所有的气象服务都由世界气象组织整理与协调。美国气象卫星由美国国家海洋和大气局控制,将所有热带大气扰动的观测信息发送到美国国家海洋和大气局的国家飓风中心。

解释气象信息

气象学家仔细研究卫星图像,了解带有大范围卷层云的积云的变化。两种云聚集在一起,表明有强烈的对流系统存在。监测云的活动可以了解风向和风的强度。

气象学家除了依靠卫星图像外,还可以依靠船只和飞机发送的信息来研究天气。通过这些信息了解气压和气压的变化、风和雨的变化。如果阵雨变成连绵雨、气压下降、风力加强，那么可以把天气划分为热带低压。由于数据不断地发送到飓风中心，所以气象学家就会注意到任何低压的进一步加剧，仔细标绘出低压的行进路径。

当已转为风暴的热带低压进入美国沿海几百英里范围内时，也动用飞机来监测风暴。第一个到达的是被称作"飓风追踪者"的美国空军预备队的"WC—130型"飞机。它们的任务是穿越低压系统，测量风暴内气压扰动、风速和风向的状况以及确定风眼的位置。通过无线电发送到迈阿密飓风中心的信息，可以详细解释风暴的内部情况。美国国家海洋和大气局的"WP—3D型"飞机也加入其中，由于装备的仪器精密、复杂，这些被称为"飞行实验室"的"WP—3D型"飞机与迈阿密的美国国家海洋和大气局的飞机操作中心通信联络。

在飓风中心，由卫星、船只和飞机发送的信息被整理到可预测未来气象变化的电脑程序里，预测有可能会转变为飓风，也能预测出飓风的大小和强度，以及飓风的行进路径。如果飓风正朝着有人居住的岛屿或海岸行进，那么有关当局必须知晓，做好警报及防范措施。

雷达

在接近陆地时，热带气旋进入岸上雷达量程范围。在美国东海岸，从得克萨斯州到缅因州覆盖着雷达网络，雷达网络可向海延伸到加勒比海群岛最东面的小安的列斯群岛、向南呈弧形延伸到波多黎各东侧。

与可见光和无线电波这类辐射一样，雷达是电磁辐射，由发射台发出，又从一定的地表反射回反射台。反射辐射由接收器检波，可提供两种信息。第一种是由雷达扫描的物体形状的图像；第二种是被扫描物体的距离，可以通过测量信号发射和信号反馈间的时长来计算距离。跟所有的电磁辐射一样，雷达以光的速度运行，所以根据雷达往返所消耗的时间就可以计算出雷达运行的距离。

　　使用不同的雷达波长来扫描不同的物体，3.94英寸（10厘米）的波长对水滴反射最强。风暴一旦进入雷达量程范围，雷达就可以详细展示风暴的云和雨。

　　现在由于岸上的雷达正在升级为多普勒雷达系统，所以雷达的作用更大。多普勒雷达系统可以准确测量反射波的频率。

　　雷达波的传播速度相同，但是在1842年，奥地利物理学家克里斯蒂安·约翰·多普勒（1803—1853）对最初的声波及后来的电磁波做了有趣的探索。如果靠近或远离观察者的物体发出的波传送速度不变，从观察者角度来看波的频率会改变，这是因为波传送的距离在改变。如果靠近波源，频率就会增加，因为每个脉动都比它前面的脉动传送较短的距离。如果远离波源，每个脉动就传送较远的距离，频率就会减少。就电波而言，频率增加会提高音高，频率减少会降低音高。这就是奔驰的火车靠近时音高提高、远离时音高降低的原因。就光波而言，频率增加会使光更蓝，频率减少会使光更红。多年来宇航员利用这一发现，来确定遥远的星系以多快的速度远离我们地球。

　　现在，雷达系统可以在计算机屏幕上把雷达信号显示为块状颜色，这有助于气象学家利用多普勒雷达更详细地分析图像，了解云的大小、雨的种类和强度。他们也能知道风暴旋转的速度,因为风暴一侧速度在减慢,另一侧速度在加快。根据雷达从水滴上反射的频率,把速度减慢的一侧涂上红色,速度加快的一侧涂上蓝色,这样风暴旋转就清晰可见。除此之外,颜色涂得越重表明风暴行进的速度越快。风暴的风速可以根据风暴旋转的速度计算出来。雷达也会显示风暴行进的方向和速度。

现在,监测技术很先进,但是不是所有的热带地区都能像美国东部沿海那样被雷达网络所覆盖。卫星观测整个世界,船只和飞机观测世界大部分地区,但是装有气象实验室、计算机和雷达网络的飞机极其昂贵。如果位于热带气旋路径的所有国家都具备这些先进的设备,那么就有能力准备好面对任何猛烈的风暴。

如何预测飓风造成的破坏

风、雨和咆哮的海洋都会造成巨大破坏,但是破坏的程度不同。例如,在1949年,风速为每小时135英里(217公里)的飓风越过美国得克萨斯州,造成2人死亡,但是在农村,飓风对农作物造成巨大破坏。1967年,飓风"比尤拉"发生在美国得克萨斯州,阵风超过每小时100英里(160公里),造成15人死亡,其中10人死于洪水,5人死于飓风引发的155次龙卷风。

1989年发生的飓风"雨果"是美国历史上破坏力最大的飓风。加勒比海岛屿上的强风达到每小时220英里(354公里),美国大陆风速达每小时80英里(129公里),并伴有风暴潮和龙卷风。飓风

"雨果"总共造成43人死亡,风暴路经的几个岛屿的房屋几乎都被摧毁,在美国造成的经济损失达105亿美元。

1998年10月的飓风"米切"持续15小时保持每小时180英里(290公里)的风速,在陆地上持续6—8天,造成75英寸(1 905毫米)的降水。当飓风"米切"越过中美洲抵达美国大陆时,造成1万到1.2万人死亡,成为200多年来最惨重的一次飓风。

风暴潮使1900年的加尔维斯顿飓风危害性极大。美国历史上代价最惨重的风暴是1992年的飓风"安德鲁",这一次飓风彻底摧毁了佛罗里达州南部几座城市,在巴哈马群岛、路易斯安那州和佛罗里达州造成300多亿美元的损失。

提前发布警报

飓风可以造成巨大的破坏。有些飓风尽管也带来猛烈的风、雨和海浪,但是结果并没有想象的那样惨重。显然,如果当地政府知道飓风即将来临,就应该了解飓风可能造成的破坏程度,预先警报飓风的种类和程度,这样急救服务就会有效地发挥作用。很久以前,人们就已认识到警报的重要性。1873年,在热带气旋靠近新泽西州和康涅狄格州之间的沿海之前,美国第一次发布了飓风警报。

在轨道卫星和飞机上安装了仪器,就能长期详细地追踪海洋上飓风的形成、加剧和行进路径(参见"飓风是如何开始的")。同时可以研究飓风的特征,预测飓风的影响。这样就可以向公众公布必要的信息,及时做好适当的准备,把灾难减少到最低程度。结果还是很有成效的。1925年的飓风造成每百万美元的财产损失大约有16人死亡,死亡人数已经明显下降。1969年的飓风"卡米尔"

每2.84亿美元的财产损失有1人死亡。1988年的飓风"吉尔伯特"和1989年的飓风"雨果"每20亿美元的财产损失有1人死亡。1992年的飓风"安德鲁"每13亿美元的财产损失有1人死亡。

世界各地的飓风发生的方式都一样。1991年袭击孟加拉国的气旋造成13万人死亡,类似的气旋在1994年也袭击了孟加拉国,但是只造成200人死亡。根据孟加拉国政府报道,死亡人数减少的原因是因为改善了风暴警报系统和及时撤离了风暴路径上的居民。风暴警报可以使人们及时做好准备,减少灾难,因此拯救了生命。

虽然人员死亡与财产损失的比率已经朝好的方向发展,实际的死亡人数也已经减少,但是在美国,飓风造成的财产损失在20世纪有增长的趋势。1900年到1910年之间,飓风平均每年造成800多人死亡。到20世纪90年代,平均每年造成的死亡人数大约是5人。20世纪前几年财产损失不大,但是到30年代增长到每年5亿美元的财产损失,到90年代增长到每年26亿美元的财产损失。从世界整体来看,热带气旋在20世纪60年代每年造成大约20—30亿美元的损失,但是在20世纪90年代早期每年造成250—300亿美元的损失。

财产损失数额是依据保险赔偿额计算的。飓风"安德鲁"造成的巨大赔偿数额使保险公司注意到他们低估了风暴所造成的破坏。飓风"安德鲁"造成的财产损失赔偿额为155亿美元。如果加上没有保险的财产损失,总计为300亿美元的财产损失。在1986年和1992年期间,飓风和热带风暴占这类赔偿的53%。火灾、爆炸、地震、动乱和其他灾难占赔偿的12%。

预防措施的改进减少了人员死亡的数量,但是在美国,由于人们喜欢在佛罗里达州和墨西哥湾沿海居住和度假,所以那里的财产损失在不断增加。在1980年和1993年期间，佛罗里达州的人口增加了37%、北卡罗来纳州的人口增加了25%、得克萨斯州的人口增加了10%。而同一时期，路易斯安那州的人口减少了大约4%。美国国家海洋和大气局曾经预测，到2010年7 300多万人将居住在飓风易发区，多数人会为他们的财产保险。所以尽管飓风的强度也许会减弱，但是飓风造成的损失依然会增加。

测量即将来临的风暴

迈阿密国家飓风中心归属于美国国家海洋和大气局，在那里，气象学家从飓风一开始形成，就注意监测热带风暴的基本特征。当风暴加剧、向陆地移动时，就更加密切观察飓风的动向。在飓风登陆之前，他们已经获取很多信息。

气象学家通过仔细监测风暴中心气压来计算风速，也仔细观测云的形成以预测降雨程度，还要观测风暴中心气温来区分飓风和热带风暴。同样也可以测量整个风暴系统的大小，推测在它移到大陆时所影响的范围，计算风暴中心周围不同位置的风速。

进行测量和计算也就是标绘风暴的路径，通常可以根据风眼周围的气旋和对以往飓风的掌握，预测未来的风暴路径。所有的数据都被储存到世界上最强的超级计算机的调制解调器里。这些计算机安置在美国新泽西州的普林斯顿、华盛顿哥伦比亚特区和英国的布莱克耐尔。从调制解调器输出的信息传送给迈阿密国家飓风中心的气象学家。

飓风会改变路径，飓风的预测路径并不十分可靠，所以飓风警报发布的范围要比实际的飓风范围大得多。

气象学家知道飓风的大小和强度,预测出飓风登陆的位置,根据测量的速度,推测出飓风登陆的时间。现在,也得考虑其他因素。根据风眼的气压,气象学家知道飓风到达的时间与潮汐状况有关,从而预测海洋总的上涨高度。根据风速的知识,计算海浪的大小,海浪的大小一定与海岸的形状和海底的坡度有关。综合在一起,可以说海平面上海洋的上涨是与气压、潮汐和到达海岸时海浪的大小有关,海洋的上涨使我们能够预测任何风暴潮的大小。海岸上地面的高度决定了风暴潮穿越内陆行进的距离。当考虑到降水对自然界排水系统的影响时,又可以预测出任何洪水的严重程度。

划分飓风级别

根据观测风眼气压、风速和风暴潮高度,按萨菲尔/辛普森飓风级别来划分飓风级别(参见"萨菲尔/辛普森飓风级别"),并根据飓风级别,在飓风到来之前,采取预防措施。

萨菲尔/辛普森飓风级别能标出风暴造成的破坏种类和程度。穿越市中心的飓风显然比穿越人口稀疏的农村造成的破坏大,但是预测不出会造成多大经济损失。风暴过后,保险公司根据估价来确定经济损失的大小。风暴警报经常使用这样的话,例如,"活动住房被摧毁"、"洪水泛滥到内陆9.6公里范围"或者"对屋顶造成大范围破坏"等等。这些警报显示了风暴的猛烈程度,但是没有详细记述破坏的程度。

发布警报

飓风到达前一两天,发出第一个飓风观测警报,报道飓风可能影响的海岸地带和比飓风直径范围大6倍的内陆地区。风眼两侧的大部分地带也许经受不到猛烈的风暴,但是可能会经受大风,因为飓风的预测不会很准确。这种过度的警报与没有狼时喊"狼来了"不同。令人欣慰的只不过是飓风转向了别处,没有袭击当地,但是飓风确确实实存在。

热带气旋的实际直径决定了即将受飓风影响的地带范围,有时对飓风影响的地带范围发出的警报会存在预料不到的偏差。当飓风靠近海岸时,需要根据风、雨、风暴潮和飓风的速度和方向来重新做警报。警报要区分出飓风中心任何一侧的影响。飓风眼壁附近和风暴路径右侧的地方风力最强(参见"什么是飓风"),飓风眼壁附近雨量也最大。

风暴来临前做好准备

如果人们按照警报要求来做,准备工作就会在风暴来临之前完成。像石油钻塔这样的近海设备也得撤离;渔船要停泊在港口,安全地用绳索拴住;甲板上要清除任何不牢固的东西;大船停靠在安全的避风处;飓风路径上的工厂必须关闭,工厂内的炉火必须熄灭;写字间要关闭,建议所有的职员待在家里,不要四下走动;家里、商店和其他商业部门必须用木板把门窗封上。

住在岛上和沿海的数万名居民也要撤离。如果一个或多个城市受影响,那么做这些准备,需要在物质、撤离使用的交通工具、住宿以及生产损失这些方面花费数百万美元的资金。由于对飓风的强度和路径只是做了大致的预测,很有可能飓风实际影响范围会扩大,这样损失还会增加。风暴来临前做好准备,每英里海岸线消费

50—100万美元（平均每公里海岸线消费30—60万美元）资金，警报范围通常延伸到300—400英里（483—644公里），这样总费用为1.5—4亿美元。由于费用极高，所以气象学家在发布警报时尽量不夸大危险。

令人遗憾的是，人们总是忽视警报。他们不愿意花时间和金钱预先做准备，他们主观地猜想也许预测会出现错误，或者认为自己运气好，也许飓风只是擦肩而过，不会造成什么危险。一旦他们真正遭遇飓风时，已为时太晚，他们从不知道飓风眼壁中有多大威力（按照萨菲尔/辛普森飓风级别划分为3级或3级以上飓风）。当天空晴朗，空气平静时，人们很容易忽视警报。多数情况是，这些人刚刚搬到当地，正躺在家边的沙滩上享受着看似平静可靠的暖暖的阳光。他们只是在电视、收音机上看过或听过飓风，从没有目睹飓风是如何轻松地从地面拔起房屋，抛向空中，砸到地面，摔成碎片的恐怖情景。

这些人的做法是不明智的，他们不仅拿自己的生命在冒险，而且在拿救助他们的抢险人员的生命开玩笑。飓风警报一发布，就意味着飓风即将来临。警报不会轻易发布，所以必须严肃对待，必须迅速地按照警报要求采取准备行动。

全球气候变化会导致更多飓风发生吗

从1995年夏末到秋天，飓风跟踪系统一直忙个不停。1995年的飓风最猛烈。人们猜测飓风数量的增加与主要是二氧化碳的温室效应气体所造成的全球变暖有关。

这种猜测还不成熟。热带气旋有些年发生频率高，有些年发生频率低。1995年是多发年，总计发生19次大西洋飓风。1933年发生过21次，自那时起，1995年是发生最多的一年。1969年有18次，1990年有14次，其他年次数更低。飓风的强度不同，1995年的飓风中有5次按萨菲尔/辛普森飓风级别划分为3—5级飓风，这是自1969年以来所记载的强飓风发生次数最多的一年。

5年为一周期，例如，在1891—1895，1931—1935，1946—1950，1961—1965和1966—1970这些周期内，飓风发生的次数超过平均数。每年飓风平均次数为5.9次，强飓风为2.3次。2001年有9次飓风，其中4次为强飓风，所以2001年是飓风多发年。

令人遗憾的是，在20世纪70年代和80年代飓风低发期时期，许多人搬到美国东南部沿海地区（参见"如何预测飓风造成的破坏"）。这里是飓风多发区，飓风经常对当地造成很大破坏。

与其他天气现象有关的飓风

自1995年以来有一些强飓风，气象学家认为飓风的低发期已结束，预测21世纪前10年会有更多的飓风。飓风频率似乎遵循4个天气周期。每年穿越陆地的飓风数量取决于每个周期的位置。当4种周期同时达到最高点时，会发生更多的飓风，也会有更多的飓风登陆。1995年的飓风就是这样。4个周期综合在一起，飓风的频率和强度在20年的周期中会有增有减。

没有人知道是什么造成的周期，但是也许与北大西洋和太平洋表面水循环的周期性变化有关。最为人所知的变化是"厄尔尼诺"现象（也叫"圣婴"，因为"厄尔尼诺"现象常在圣诞节前后出现）。事实上，"厄尔尼诺"现象只是包括与其相反的"拉尼娜"现象在内的较长周期的一部分。"厄尔尼诺"现象和"拉尼娜"现象都与叫做"南部波动"的热带气压分布变化有关，所以整个周期叫做"厄尔尼诺—南方涛动"（ENSO）（参见补充信息栏："厄尔尼诺"现象）。气象学家已经对过去112年在"厄尔尼诺"现象和"拉尼娜"现象年中出现的飓风数量进行了比较，他们发现在这一期间平均每年有3.23次飓风袭击美国沿海，然而事实上，在"厄尔尼诺"现象年，平均数降到了2.47次。对1925到1997年进行的另一项研究发现，在"厄尔尼诺"现象年出现的飓风破坏程度大约是"拉尼娜"现象年的一半，同时发现"厄尔尼诺"现象年飓风的平均风速比"拉尼娜"现象年的飓风的每小时大约慢13英里（22公里）。

补充信息栏：厄尔尼诺

　　每隔2—7年的时间，赤道大部分地区、东南亚和南美洲西部地区的气候就会出现异常波动。一些地区变得干旱无雨，如印度尼西亚、巴布亚新几内亚、澳大利亚东部、南美洲东北部、非洲的好望角、东非的马达加斯加，也包括南亚次大陆的北部地区。与此相反，如赤道太平洋的中东部地区、美国的加利福尼亚州和东南部地区、印度南部和斯里兰卡等地区则是暴雨成灾。这种天气的异常变化至少已经有5 000年的历史了。

在南半球，这种天气的异常变化主要发生在圣诞节到夏季之间。南美洲的西海岸地区原属干旱型气候，但每到此时却雨量激增。降雨虽然对庄稼有利，但当地的居民主要以捕鱼业为生，异常天气导致鱼群的数量急剧减少，使当地人蒙受了巨大的损失。在受其影响最严重的秘鲁，人们把这种现象与圣诞节联系起来，认为是圣婴降临带来的一种神奇力量，称它为"厄尔尼诺"（厄尔尼诺是西班牙语"圣婴"的音译）。

"厄尔尼诺"的出现与消失是一个名为"沃克环流"的大气环流圈变化的结果。它是1923年由英国人吉尔伯特·沃克爵士（1868—1958）首先发现的。沃克发现在太平洋西部的印度尼西亚附近有一个低压区，而在太平洋东部靠近南美洲附近则存在一个高压区。这样的分布有助于信风自东向西的流动，并带动赤道洋流也向同一方向流动，将大洋表层的暖流带向印度尼西亚并在这一地区形成暖池。暖池正适合产生上升气流，而从东边吹来的信风刚好从下层补充该地区气流上升后的空间，所以空气在低空是自东向西运动的。但在高空，气流则由西往东反向流动，至赤道太平洋东部较冷水域上空沉降，由此形成东西向的环流圈。这就是所谓的沃克环流。

然而在有些年份，情况会发生变化，出现西高压、东低压的情况，信风由此减缓或停止，甚至有时会自西向东逆向运动。赤道洋流也随之减弱或改变方向，暖池中的海水开始向东流动,加大了南美洲沿岸暖流的深度,抑制了秘鲁寒流的上升,结果使该地区的鱼类和其他海洋生物无法获得寒流所携带的营养,数量减少。向南美移动的空气变暖,给南美洲带来大量的水汽,造成沿海地区暴雨成灾。这就是"厄尔尼诺"现象的发生。

有时候太平洋西部低压区的气压会进一步下降,而东部高压区的气压则升高。受其影响,信风和赤道洋流的流动

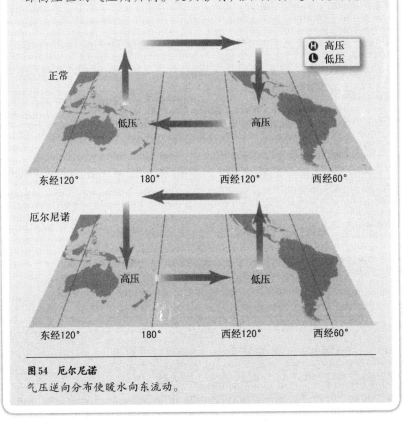

图54 厄尔尼诺
气压逆向分布使暖水向东流动。

速度加快,结果使南亚地区洪水泛滥而南美地区则是旱灾严重。这种现象被称为"拉尼娜"现象。

气压分布的这种周期性变化被称为南方涛动,整个周期叫做厄尔尼诺——南方涛动(ENSO)。上面的图表显示了厄尔尼诺现象。

其他三种周期是类似两年一次的涛动(QBO)、北大西洋涛动(NAO)和撒哈拉沙漠南部边界的萨赫勒地区降雨的周期性增减。涛动(QBO)是热带平流层中从东面和西面吹来的风的变化,这种变化周期为26—30个月。NAO也叫北冰洋涛动,几十年发生一次,这是以冰岛为中心的永久低压区和以亚速尔群岛为中心的高压区之间的气压差变化。

飓风频率有可能在增长,回复到20世纪40年代和50年代的水平。40年代飓风一年平均为8.3次,50年代平均为10.5次。气象学家认为飓风频率的增长只是自然界的周期,与全球变暖无关。

全球变暖

多数气象学家认为一定的气体释放到大气中也许会影响全球气候,一些气象学家声称他们已经发现了全球变暖迹象。在过去的100到130年间,气温平均增长0.54—1.08℉(0.3—0.6℃)。据记载,20世纪初期气温有增长趋势,1940到1980年期间气温略有下降,20世纪80年代和90年代天气最热。1979年到2002年全球气温平均增长 0.355 T（0.197℃），气温增长多数是由于1998年极强的"厄尔尼诺"现象。如果世界真的变暖,就可能发生更多的热带气旋,后果也许更严重。

到目前为止,气温变化不大。平均气温的变化每年都不同,即使在20世纪80年代和90年代也保持在自然范围内。1995年的平均气温比1861—1890年增加 1.44℉（0.8℃），比1961—1990年增加0.7℉（0.4℃）。这样的小变化难以察觉,更难以解释。如果全球气候像预测的那样变化的话,也就是发生这种小变化。究竟全球变暖是否是源自温室效应影响,还得在今后10年、20年继续对气温变化进行观测。

全球变暖的程度很小,并且分布的范围不均。在冬天,北美西北部和西伯利亚东北部气温变暖特别突出,尽管南极半岛已显著变暖,但是南极洲中心几十年来一直在变冷。

辐射

多数太阳辐射是短波辐射,集中在可见光波段（参见补充信息栏：太阳光谱）。太阳辐射几乎完全可以穿透大气,但是一些太阳辐射却被云顶和像雪、沙漠这样的浅色地表反射回太空。然而,多数太阳辐射被吸收,因而温暖了陆地和海洋。

补充信息栏：太阳光谱

光、辐射热量、γ射线、X射线和无线电波是各种形式的电磁辐射,这种辐射以光的速度传递。各种形式的辐射波长不同。波长是一个波峰和下一个波峰间的距离。波长越短，辐射的能量越大。波长的范围叫光谱，太阳在各种波长发出电磁辐射，所以光谱范围大。

γ 射线是最高能量的辐射形式，波长为 10^{-10}—10^{-14} 微米（1微米等于1米的百万分之一，或者 0.000 04 英寸；10^{-10} 是 0.000 000 000 01）。下一个是 X 射线，波长为 10^{-5}—10^{-3} 微米。太阳放射 γ 射线和 X 射线，但是所有的射线都在地球的高空大气中被吸收，不能到达地面。紫外（UV）辐射波长为 0.004—4 微米，较短的波长在 0.2 微米以下，在大气中被吸收，但是较长的波长到达地面。

可见光波长为 0.4—0.7 微米，红外辐射波长为 0.8 微米—1 毫米，微波波长为 1 毫米—30 厘米，无线电波波长为100公里（62.5英里）。

当天体（像地球）比周围（像太空）气温高时，温暖的天体会以与温度成反比例的波长放射热量。换句话说，天体越暖，它放射的辐射波长就越短，这就是（热）太阳以短波辐射最猛烈、（冷）地球以长波辐射最猛烈的原因。地球表面向上放射一些热量，接触地表的空气变暖，通过对流上升。当上升空气变冷时，也会把热量放射到太空。来自地球和大气的热量辐射是在长（红外辐射）波长上。

白天太阳温暖了地面，地面又放射其热量，地球放射热量的速度比吸收热量的速度慢，所以白天地面变暖，在正午达到最高点。

晚上，太阳不再照射地面，所以地面吸收不到热量，然而地面却在继续放射热量，所以晚上地面渐渐地变冷，在黎明前达到最低点，太阳再次升起，地表再次变暖。

温室效应

在温室里，太阳辐射透过玻璃进入温室，辐射使温室变暖，玻璃又阻止暖空气逃出温室，因此温室里气温逐渐变暖。这就是"温室效应"这一名称的来由。温室效应这一名称不十分贴切，因为尽管结束相似，但是产生的原因不同。温室捕捉不住辐射，但是一定的大气气体却能。

大气主要由氮（大约78%）和氧（大约21%）组成，各种波长的辐射可以穿透这些气体，但是空气也包含辐射穿不透的其他少量气体，这些气体的分子比氮分子和氧分子大，它们依靠各自的大小吸收特定红外波长辐射。水蒸气在这些气体中最重要，其他的包括二氧化碳、沼气、含氯氟烃（由于对臭氧层的影响，现在正在停止生产和使用这种混合气体）、臭氧、氧化亚氮和四氧化碳（一种正式用于干洗的溶剂，现在正在停止使用），这些都是温室气体。

每种气体在总体红外辐射吸收所占的份额可用全球变暖潜能来计算（CMP），二氧化碳的全球变暖潜能值为1，沼气为11，氧化亚氮为270，含氯氟烃和相关的混合气体为1 200到7 100不等。

这些气体的分子以一定的波长吸收长波辐射，变暖后，它们开始向各个方向放射热量。一些辐射向上进入太空，但是多数不能。向侧面放射辐射，被其他温室气体分子吸收，又一次向各个方向放射。总体会产生大气下半部分变暖的效果。这些气体更像一张毯子,盖着毯子睡觉要比不盖毯子暖和,但是不会使你的体温无限制地升高,以至于身体煮熟。同样,有温室气体比没有温室气体更会使空气变暖,但是不会使气温持续上升,以至于海洋沸腾、岩石熔化。

增强的温室效应

有人认为温室效应对人类造成了威胁,但是没有了温室效应,地球上的生活会难以继续。如果空气中不含有自然存在的温室气体,地表的平均气温将会是—4°F(—20℃)。在这样温度里,植物不会生长,多数海洋将被冰覆盖。

由于我们把温室气体放入空气,所以现在的空气比过去含有更多的温室气体,温室气体的密度在增加。如果这种现象继续下去,更多的长波辐射被捕捉到大气中,造成平均气温升高。气象学家称之为增强的温室效应,目的是把它与自然的温室效应相区别。正是这种增强的温室效应导致了全球变暖,但是情况并不这么简单。

二氧化碳是地球放射的最重要的温室气体,并不是因为它比别的气体更容易吸收,而是因为我们大量地释放二氧化碳。当我们燃烧含碳的东西时,就会产生二氧化碳,因为燃烧会使碳氧化为二氧化碳($C+O_2 \rightarrow CO_2$),这是以热的形式释放能量的化学反应。所有的植物,还有泥炭、煤、天然气和石油都含有碳。然而,在通过燃烧所释放的二氧化碳中,只有大约一半的量积聚在大气中。科学家们也不知道剩余的二氧化碳去向哪里了。一些二氧化碳溶解于海洋,一些在光合作用中被植物吸收,但是大量的二氧化碳,大约每年20亿吨,解释不出用于何处。

关于海洋变暖仍然有很多科学需要了解。洋流从低纬度到高纬度输送热量，所以对气候有重要影响，但是关于全球海洋表面气温上升的详细结果还不大确定。科学家也推测不出云是怎么及在哪形成的。一些云反射太阳辐射，另一些吸收向外放射的红外辐射，所以了解天气变暖会如何影响云的形成是非常重要的。

如果气温上升，更多的水将从地面蒸发，所以云会增加，有更多的雨雪。这会造成几种后果，例如，极地冰盖也许会增厚，因为会降更多的雪，这样海平面会保持现有的状况，或者甚至下降，而不是冰盖溶化、海平面升高。在高纬度会降下更多的雨雪，导致流入海洋的淡水量增多。再加上海洋上降下的雨雪，导致海洋表层水密度降低，因为淡水比盐的密度小。如果这种现象在北大西洋发生的话，这也许会解释大西洋洋流系统（参见"洋流和海洋表面温度"）中北大西洋暖流停止从墨西哥湾暖流中分流出去。如果这样的话，也许会减弱欧洲西北部变暖速度，甚至造成气温下降。

据观测，目前的气温变暖没有像20世纪90年代前后估计的那么严重，这很可能是二氧化硫（SO_2）造成的结果。二氧化硫吸收大气中的水蒸气，溶解后形成亚硫酸（H_2SO_3），然后形成亚硫酸滴（H_2SO_4）。亚硫酸滴反射照向地球的太阳辐射，在潮湿的空气中，更多的水蒸气在亚硫酸滴上冷却，所以它们有助于云的形成。二氧化硫通过反射照向地球的太阳辐射和促进云的形成，起到了冷却的作用。火山和几种生物过程释放二氧化硫，当燃烧含有硫的燃料时，例如一定量的煤和石油，也会释放二氧化硫。北半球比南半球工业多，所以北半球变暖慢，但是差异不大。这也解释了北半球晚上最低温度较以前上升，但是白天最高温度没有上升的原因。在白天，亚硫酸滴和云通过反射照向地球的太阳辐射，使地表变冷，云也反射从地表向外放射的热量。在晚上，由于没有照向地球的太阳辐射造成地面变冷，因此热量散失的速度降低。这种综合的效果使白天变冷、夜晚变暖。大气中的二氧化硫也会改变急流的路径，导致北大西洋和北太平洋出现较寒冷的风。

许多气象学家认为到2100年，由于温室气体的成倍集聚，全球平均气温将增加2.5—10.4°F（1.4—5.8℃）。在1990年到2100年期间，海平面将上升4.3—30英寸（0.11—0.77米）。这是官方公布的预测，但是一些气象学家不赞同，他们认为全球气温很可能增加2.7°F（1.5℃）以上。

没有定论

研究全球气候困难重重，现在，世界各地对气压、气温、湿度、云等等都在进行观测，以便获得解释天气状况的信息。在一段时间内温度也许会有变化，甚至在一天同一时间温度也不总是一致。也许气象站观测地点的高度不同，也许城市扩大到农村地区。考虑到这些困难，很难说出气候是变暖了还是变冷了。

最近，地面气象站用气球携带的仪器对上空的大气进行了测量，测量结果表明天气几乎或根本没有变暖。一些卫星观测准确度可达到1%摄氏度，测量结果显示自从1979年以来地面气温略微有点变冷。如果两种测量都正确的话，表明天气变暖被限制到大气的最低点，即大约在5 000英尺（1 500米）以下，这一高度以上的大量大气（大约80%）是不易变暖的。

预测全球变暖对特定地区的影响程度更是难上加难。科学家使用世界上最强的超级计算机计算可能发生的事情,但是计算结果不会极其详细、准确,分毫不差。

要记住有些事至今尚无定论,但是科学家毫不怀疑温室效应的存在,认为面对全球变暖,我们要减少向空中排放温室气体的量。1997年,在联合国支持下起草了京都草案,目的是要实现这一目标。但是即使这一目标实现了,到2100年平均气温也只会下降0.27°F(0.15℃)。当然,京都草案标志着一个良好的开端,现在还存在很多未确定的事,所以还需要继续研究、探索。

会发生更多的飓风吗

如果全球变暖真的存在,那么海洋表面气温就会上升,温暖海洋面积就会扩展到赤道两侧高纬度地区。如果海洋比现在温暖,海洋就会蒸发更多的水汽,产生更多的雷雨云,这样热带气旋比现在更频繁、更猛烈。

事实上,这不可能发生。预测气温变暖主要发生在高纬度的大陆,因为大陆经常被非常干燥的空气包围,干燥的空气几乎不含水蒸气,所以与比较潮湿的空气相比,几乎不会经历自然的温室变暖。二氧化碳的增加会产生强烈的温室效应。当空气变暖时,更多的水会蒸发进入空气,水蒸气含量增加,更增加了变暖效应。

空气潮湿的热带变暖的可能不大,即使真的变暖,海洋表面增温也有一个限度。随着水温上升,水的蒸发也增加,但蒸发吸收来自海洋表面的潜热(参见补充信息栏:潜热和露点),这样就会使水变冷,因此限制了气温上升的程度。

自19世纪末期对气温变暖进行监测以来,热带气旋的频率没有增长。各年不同，一段时间风暴活动多，另一段时间风暴活动少，但总体来说没有增减。估计飓风在21世纪前几十年比20世纪70年代和80年代频繁，但这是由于与全球变暖无关的气候周期造成的。

保护及安全措施

如果你居住在热带气旋易发区，你应该提前做好准备。在冬天和初春稍做准备，当风暴来临时，就能极大提高逃生的机会。

如果想要知道你居住的地区是否有遭受风暴袭击的危险，可以向居住在这多年的人咨询，或者查询当地报纸和当地图书馆。

如果你居住在低纬度大西洋和太平洋沿岸低洼地带，你应该知道飓风或台风迟早会袭击这一地区。从弗吉尼亚州到佛罗里达州的美国沿海和墨西哥湾沿海处于特别危险地带。如果你刚刚来到这里，千万不要低估热带气旋的巨大能量。

飓风、台风和气旋都发生在热带。在任何地方官方都会在风暴之前、之中和之后发布警报，一定要按照警报要求，采取适当的预防措施。

了解当地地况

从研究当地地理着手，查明自己的家在海平面上的高度、自家和沿海之间地面的高度和过去风暴潮影响该地区的情况，这些信息有助于了解海洋会发生什么。

倾盆大雨可能使河水泛滥。离你家最近的河在哪？你的家高于河水吗？如果你住在河流附近低洼地带，必须马上撤离到较高内陆去。切记的是，如果你唯一的逃生路线经过低地或桥梁，那么风暴来临时就无法通过，这样只有在风暴到来之前计划好撤离。

事先安排好在危急时刻与在内陆高地的朋友或亲戚住在一起。官方会在你居住的地区建立紧急事务躲避处，如果你不能与朋友和家人待在一起，最好到躲避处去。

做好准备

用木板封闭好窗户，关紧所有的外门，放好适当的木棍、胶合板、聚乙烯板、钉子和绳子。

准备好高质量的手电筒和电池可靠的收音机，务必保证这些东西正常运转，并有备用电池。携带收听天气预报的接收器，也要保证它正常运转。

准备好烧饭用的露宿炉子和燃料，露宿用的食品冷藏盒和帆布包很有用处，能够保持食品新鲜。先准备好一个急救箱，这个箱子应该标记清楚，易于查找。最理想的是在白背景上涂上红十字。如果急救箱是用白塑料制作的，可用红胶带做一个红十字。

储存一些水，准备足够干净、密封的容器，容纳至少14加仑（53升）水，供全家人饮用。

准备干粮或罐装食品，储藏足够的食品，供全家人至少食用两个星期。

还需要其他的家用品，像肥皂、卫生纸、牙膏和毛巾等。如果撤离当地，还需要毛毯和睡袋。

要保证房瓦没有松动或掉下，疏通排水槽和地漏排水管。如果房屋附近有一些年久的树木或灌木,立即拔掉。把所有不牢固的树枝折掉,使树木光秃一些,这样风就可不受阻挡直穿过去。

当风暴来临时

当知道风暴即将来临时,收听当地电视台或广播,如果在美国,收听美国国家海洋和大气局的公共电台——气象电台的广播。要频繁地收听电台广播,如果可能的话,尽量使用电能,以便节省电池至风暴到来时使用。

在美国,第一个警报是警惕热带风暴或飓风。风暴意味着持续刮风,风速高达每小时74英里(119公里),飓风的风比风暴的风更强烈。警报会警告居民风暴或飓风到达的时间,通常会提前36个小时发布警报,便于居民提前做好准备。

你也会收到警惕突如其来的洪水的警报。

检查一下你的汽车油箱是否装满,如果没有,马上充满油。如果你在服药,额外多带一些药物,最好能带两星期的药量。

带着系门窗用的绳索,最好放在手头。

如果是活动住房,紧紧拴牢它。

清除户外任何松动物体。

检查急需用品是否带齐。

凉爽的帆布包做冷藏盒用。

保证随身携带充足的现金。

当你听到警告时

当热带风暴或飓风即将在未来24小时内到达时,就得发布热带风暴警报或飓风警报。用木板封闭窗户、打开无线电或电视,收听警报指令,立即按照指令行动。

如果接收到突如其来的洪水警报,就意味着快速的洪水即将逼近。如果可能的话,立即离开低洼地区。尽量在白天行动,因为公路也许会十分拥挤或者被封闭。如果洪水来临,没有从家里撤离,那么就只能到楼上去。

撤离

如果警报建议你撤离,马上采取行动。如果你住在离海岸几百米远的地方,或在岛上、在河流的洪水区,又或者你住的地区在过去曾受过风暴潮的冲击,那么你必须撤离。如果你住在高地,你也应该撤离,因为飓风会破坏建筑。无论你把活动房屋系得多牢,飓风也许还会摧毁它,所以不要待在活动房屋里。

撤离之前,关好煤气、电和水,把所有电器插头都拔下。

带好身份证、重要私人文件和现金。如果你不是搬到朋友或亲戚家住,设法到汽车旅馆或旅馆里预订住宿。不要耽误,通知远离受影响地区的朋友和亲戚你的去向。

不要带宠物。一定要保证把它们关在房屋里,保证给它们准备了充足的食品和水。

紧急躲避处

当从收音机或电视上听到离你最近的紧急躲避处对公众开放时,你可以去那躲避。

如果你去躲避处,带上毯子、睡袋、洗漱用品、急救箱、手电筒和收音机。也需要带身份证、现金及重要个人文件。

你也许得在躲避处住一小段时间，所以带一些书、游戏或纸牌这样的东西来消磨时间。

躲避处不可能是舒舒服服的，别指望在那不受别人打扰。官方会尽最大努力，但是很可能那里拥挤，也许还没有电。

待在家里

如果没人警告你离开，就待在家里别动。在家里要拔掉小的电器插头，关掉煤气。

把冰箱开到最大功率，在冰箱里储存一些新鲜的可供几天用的食品。

储存饮用水，还要在浴盆里存满洗漱用的水。

关闭所有的门，门里用木棍顶住，这样风就不会吹开。

坚持收听无线电广播，按照命令行动，也许要求你关掉电或水。

带上手电筒和收音机，尽可能远离窗户，躲在建筑最安全的地点。如果可能的话，躲在没有外墙的屋子里或者靠近楼梯的多层建筑里。当狂风到来时，躺在地板上，最好钻到坚固的桌子下面。

风暴过后

过了一段时间，风渐渐平息下来，天空也晴朗起来。这时不要到外面去，这有可能是风暴的风眼。如果是，风会在几分钟内从相反方向转回来。不要存侥幸心理，记住，飓风经常引发龙卷风，也许没有任何警告就突然出现在任何地方。

风暴过后，无线电广播会通知你可以安全地到外面去。如果没有收到广播通告,要待在屋里。

如果你在外地,不要急着赶回家。也许你得出示身份证才能被允许进屋。如果你的家受到风暴破坏,不经官方允许不要进去,否则会有危险。

如果在户外,一定要当心被风吹倒的电线,它们也许还带电。还要注意有电缆的水坑。当心蛇,受洪水侵袭,它们也许会跑出来。同时也要注意松动的悬垂物体和树枝。

当允许你进到屋里,不要使用像蜡烛这样的明火。

如果你食用风暴前买的食品,一定要当心食物是否变质,干粮和罐装食品比较安全。如果没有接到通知,不要饮用自来水或用自来水做饭,因为可能水已受污染。当电恢复使用后,就不会有着火的危险,这时广播会建议你将水煮沸后再饮用。

所有的热带风暴、飓风、台风和气旋都危险,它们都会造成极大的破坏力,对生命造成极大的威胁,但是如果有适当的准备、良好的警报系统、合理的预防措施就可能在灾难中幸存下来。只有适时、适当地采取行动措施,才能保证人们生命及财产的安全。

附录

历史上的飓风

1281年

台风在中国海上摧毁了意图入侵日本的绝大多数舰船，因此产生了日本人口中的"神风"。

1703年

11月26日至27日，在英吉利海峡，具有飓风风力的狂风使8 000人丧生，1.4万座房屋被毁。

1740年

11月1日，飓风袭击英国伦敦。

1780年

10月，"大飓风"袭击了西印度群岛。

1831年

在拉丁美洲的巴巴多斯岛，飓风造成1 477人死亡。

1854 年

11 月 14 日, 飓风摧毁了靠近克里米亚半岛塞瓦斯托波尔港口的英国舰队。

1876 年

飓风袭击孟加拉国的巴卡尔甘杰。引起恒河水位上涨, 在半个小时内淹死 10 万人。

1881 年

10 月 8 日, 台风袭击中国, 估计造成 30 万人死亡。

1892 年

1 月 6 日, 飓风袭击美国佐治亚州。

1900 年

9 月 8 日, 在美国得克萨斯州的加尔维斯敦, 飓风造成 6 000 人死亡、全城一半的建筑被毁。

1919 年

飓风袭击美国的佛罗里达群岛, 造成 900 人死亡。

1922 年

飓风袭击阿尔及利亚的塔曼拉塞特。

1928 年

飓风袭击美国佛罗里达州, 奥基乔比湖泛滥, 造成 1 836 人死亡。

1935 年

劳动节飓风在美国的佛罗里达半岛造成 408 人死亡。

1938 年

在美国的新英格兰州, 飓风造成 600 人死亡。

1944年

在菲律宾海,台风"库伯拉"造成美国舰队的790名船员死亡、3艘轮船沉没和150架飞机毁坏。

1953年

台风造成日本名古屋100人死亡、100万人无家可归。

1954年

台风袭击日本北海道,造成1 600人死亡。

10月12日,飓风"黑兹尔"袭击海地、美国东部和加拿大,造成1 175人死亡,随后横跨大西洋并给斯堪的纳维亚半岛带来暴雨和大风。

1955年

飓风袭击美国新英格兰州,造成180人死亡。

1956年

6月27日,飓风"奥德丽"造成墨西哥湾沿海近400人死亡。

1957年

8月,美国连续遭受飓风"康妮"和"黛安"的袭击,造成190多人死亡。

1959年

9月,台风"薇拉"造成日本本州岛屿4 500人死亡。

飓风造成墨西哥2 000人死亡。

飓风造成恒河三角洲岛屿上的10万人无家可归。

1961年

9月,台风"墨罗特2号"造成日本大阪32人死亡。

9月,在美国得克萨斯州加尔维斯敦市,威力强大的飓风造成

40 多人死亡。

1969 年

8 月 17 日至 18 日, 在美国密西西比州和路易斯安那州沿海, 飓风"卡米尔"造成大约 250 人死亡, 飓风引起的洪水造成 125 人死亡。

1970 年

11 月, 飓风袭击孟加拉国, 造成 50 万人死亡。

1972 年

飓风"艾格尼丝"袭击美国佛罗里达州和新英格兰州。

1973 年

1 月 17 日, 在西班牙和葡萄牙, 具有飓风风力的强风造成至少 19 人死亡。

4 月 12 日, 在孟加拉国, 台风所带来的强风造成 200 人死亡。

11 月 10 日至 11 日, 台风袭击越南, 造成至少 60 人死亡。

11 月 18 日至 24 日, 台风袭击菲律宾, 造成 54 人死亡。

12 月, 飓风袭击孟加拉国, 1 000 人下落不明。

1974 年

6 月, 飓风"德洛丽丝"袭击墨西哥, 造成至少 13 人死亡。

7 月 6 日至 7 日, 在日本南部, 台风造成 33 人死亡。

8 月 15 日, 飓风袭击孟加拉国西部和印度, 造成至少 20 人死亡。

9 月 20 日, 飓风"菲菲"袭击洪都拉斯, 估计造成 5 000 人死亡。

12 月 25 日, 在澳大利亚的达尔文市, 飓风"特拉西"造成 50 人死亡, 全城 90% 的建筑被毁坏。

1975 年

8 月, 台风"菲莉斯"袭击日本四岛, 造成 68 人死亡。

8月，台风"丽塔"袭击日本，造成26人死亡。

9月16日，飓风"埃勒维兹"在波多黎各、伊斯帕尼奥拉岛、海地、多米尼加和美国佛罗里达州共造成71人死亡，随后，进入美国东北部，整个地区进入紧急状态。

10月24日，飓风"奥利维亚"袭击墨西哥，造成29人死亡。

1976年

1月2日至3日，具有飓风风力的强风在欧洲西北部造成55人死亡。

5月，台风"奥尔加"带来大雨，造成菲律宾吕宋岛215人死亡。

9月8日至23日，台风"弗兰"袭击日本，造成104人死亡。

10月1日，飓风"莉莎"袭击墨西哥，造成630人死亡。

1977年

2月，飓风袭击马达加斯加，造成31人死亡，230平方英里（596平方公里）的稻田被毁。

4月24日，飓风袭击孟加拉国，造成13人死亡。

6月，飓风袭击阿曼的马西拉岛，造成2人死亡，岛上98%的建筑被毁。

7月25日，台风"西尔玛"袭击中国台湾，造成31人死亡。

7月31日，台风袭击中国台湾，造成38人死亡。

11月12日，飓风袭击印度的泰米尔纳德邦，造成400多人死亡。

11月14日，台风袭击菲律宾，造成至少30人死亡。

11月19日，飓风和风暴潮袭击印度的安得拉邦，估算有2万人死亡。

1978年

10月26日,台风"丽塔"袭击菲律宾,造成近200人死亡。

11月23日,飓风袭击斯里兰卡和印度南部,造成至少1 500人死亡。

1979年

3月27日,飓风"梅利"袭击斐济,造成至少50人死亡。

4月16日至17日,台风袭击菲律宾,造成至少12人死亡。

5月12日至13日,飓风袭击印度,造成350多人死亡。

8月25日至26日,台风"朱蒂"袭击韩国,造成近60人死亡。

8月至9月,飓风"大卫"袭击加勒比海、美国佛罗里达州、佐治亚州和纽约州,共造成1 000多人死亡。

9月,飓风"弗雷德里克"袭击美国东南部,造成8人死亡。

10月19日,台风"提普"袭击日本,造成至少36人死亡(据记录,这次台风产生了最低的气压)。

1980年

1月,飓风"海厄辛思"袭击印度洋西部的留尼汪岛,造成至少20人死亡。

4月,飓风"威利"袭击斐济,造成至少13人死亡。

6月23日,台风"乔"袭击越南北部,造成130多人死亡。

8月,飓风"艾伦"袭击加勒比海,造成270多人死亡。

9月11日,台风"兰花"袭击韩国,造成7人死亡。

9月15日,台风"鲁思"袭击越南,造成至少164人死亡。

9月,飓风袭击印度,造成至少12人死亡。

1981年

6月1日，台风"凯利"袭击菲律宾，造成大约140人死亡。

6月19日，台风"莫里"袭击台湾，造成26人死亡。

8月23日，台风"泰德"袭击日本，造成40人死亡。

9月1日，台风"艾格尼丝"袭击韩国，造成120人死亡。

9月21日，具有飓风风力的强风袭击英国，造成至少12人死亡。

9月21日，台风"克莱拉"袭击中国。

11月24日，台风"厄玛"袭击菲律宾，造成270多人死亡。

12月11日，台风袭击孟加拉国和印度，造成至少27人死亡。

1982年

1月至3月，飓风"本尼迪克特、弗里达、伊莱克特拉、加百利、贾丝廷"袭击马达加斯加，造成100多人死亡。

3月，台风"玛米"和台风"纳尔逊"袭击菲律宾，造成至少90人死亡。

5月4日，台风袭击缅甸，造成11人死亡。

6月4日，飓风袭击印度的奥里萨邦，造成200人死亡。

6月26日至27日，具有飓风风力的强风在巴西造成至少43人死亡。

8月12日至13日，台风袭击韩国，造成38人死亡。

8月，台风"塞西尔"袭击韩国，造成至少35人死亡。

9月11日至12日，台风"朱蒂"袭击日本，造成26人死亡。

9月30日，飓风"保罗"袭击墨西哥。

10月14日至15日，台风袭击菲律宾，造成68人死亡。

11月8日，飓风袭击印度，造成至少275人死亡。

1983年

4月，飓风袭击印度的西孟加拉邦，造成76人死亡。

4月12日，飓风袭击印度，造成至少50人死亡。

8月18日，飓风"艾丽西娅"袭击美国得克萨斯州南部，造成至少17人死亡。

9月29日，台风"森林"袭击日本，造成16人死亡。

10月15日，飓风袭击孟加拉国，造成至少25人死亡。

10月20日，飓风"蒂科"袭击墨西哥，造成105人死亡。

1984年

1月30日至31日，飓风袭击斯威士兰，造成13人死亡。

1月31日至2月2日，飓风"多莫娜"袭击非洲南部，造成至少124人死亡。

4月12日，飓风袭击马达加斯加，造成至少15人死亡，全城80%的建筑被毁。

9月，台风"艾克"在菲律宾造成1 300多人死亡，在中国造成13人死亡。

11月，台风"艾格尼丝"袭击菲律宾，造成至少300人死亡。

11月24日，具有飓风风力的强风在欧洲西北部造成至少14人死亡。

1985年

1月22日，飓风"埃里克"和飓风"奈杰尔"袭击斐济，造成23人死亡。

5月25日，飓风袭击孟加拉国，造成2 500多人死亡。

6月1日，台风"厄玛"袭击日本，造成19人死亡。

6月30日,台风袭击中国,造成177人死亡。

8月,台风袭击中国,造成500多人死亡。

8月30日,台风"帕特"袭击日本,造成15人死亡。

10月,台风两次袭击泰国,引发洪水并造成16人死亡。

10月19日,台风"多特"袭击菲律宾的甲万那端,造成63人死亡,全城90%的建筑被毁。

11月19日至21日,飓风"凯特"袭击古巴和美国佛罗里达州,造成至少24人死亡。

1986年

3月17日,飓风"霍诺里尼娜"袭击马达加斯加,造成32人死亡。

3月24日,具有飓风风力的强风在欧洲西部造成至少17人死亡。

5月16日,飓风袭击孟加拉国,造成11人死亡。

5月19日,台风"那慕"袭击所罗门群岛,造成100多人死亡。

6月9日至11日,台风"佩吉"在菲律宾造成70多人死亡,在中国造成170多人死亡。

8月22日,台风袭击中国台湾,造成22人死亡。

8月25日,飓风"查理"袭击英国,造成至少11人死亡。

9月4日,台风袭击越南,造成400人死亡。

9月19日,台风"艾比"袭击中国台湾,造成13人死亡。

1987年

2月7日,飓风"尤玛"袭击瓦努阿图,造成45人死亡。

6月15日,台风"西尔玛"袭击韩国,造成至少111人死亡。

6月28日,台风"亚历克斯"袭击中国,造成至少38人死亡。

10月15日,具有飓风风力的强风在英国造成13人死亡。

10月24日，台风"林恩"袭击中国台湾。

11月3日至6日，飓风带来的强风在印度造成至少34人死亡。

11月26日，台风"尼娜"袭击菲律宾，造成500人死亡。

1988年

9月12日至17日，飓风"吉尔伯特"袭击牙买加、墨西哥和美国得克萨斯州，造成大约460人死亡。

10月22日至27日，飓风"琼"袭击中美洲和南美洲，造成至少111人死亡。

10月24日至25日，台风"鲁比"袭击菲律宾，造成大约500人死亡。

11月7日，台风"跳跃"袭击菲律宾，造成至少129人死亡。

11月29日，飓风袭击孟加拉国和印度，共造成3 000人死亡。

1989年

1月28日至29日，飓风"弗里加"袭击印度洋西部留尼汪岛，造成至少10人死亡。

2月25日至26日，具有飓风风力的强风袭击西班牙，造成至少12人死亡。

5月15日至16日，台风"塞西尔"袭击越南，造成140人死亡。

5月27日，飓风袭击孟加拉国和印度，共造成200人死亡。

5月，台风"布伦达"袭击中国，造成26人死亡。

7月16日，台风"戈登"袭击菲律宾，造成33人死亡。

7月24日，台风"欧文"袭击越南，造成至少200人死亡。

7月，台风"朱蒂"袭击韩国，造成17人死亡。

9月11日，台风"莎拉"袭击中国台湾，造成13人死亡。

9月16日，台风"维拉"袭击中国，造成162人死亡。

9月17日至21日，飓风"雨果"袭击加勒比海和美国东南部，造成32人死亡，摧毁了蒙特塞拉特岛上99%的房屋。

10月，台风"安吉拉"袭击菲律宾，造成至少50人死亡。

10月2日至13日，三股台风先后袭击中国，共造成63人死亡。

10月10日，台风"丹"袭击菲律宾，造成43人死亡。

10月19日，台风"埃尔希"袭击菲律宾，造成30人死亡。

11月4日至5日，台风"盖伊"袭击泰国，造成365人死亡。

11月9日，飓风袭击印度，造成50人死亡。

1990年

1月，飓风袭击马达加斯加，造成至少12人死亡。

2月3日，具有飓风风力的强风在法国和德国共造成29人死亡。

2月26日，具有飓风风力的强风在欧洲造成至少51人死亡。

5月9日，飓风袭击印度，造成962人死亡。

6月23日至24日，台风"奥菲丽娅"袭击菲律宾、中国台湾和中国大陆，共造成57人死亡。

8月，台风袭击中国，造成108人死亡。

8月，飓风在墨西哥引发洪灾，造成23人死亡。

8月，台风"燕西"在中国造成216人死亡，在菲律宾造成12人死亡。

8月31日，台风"亚伯"袭击中国，造成48人死亡。

9月16日至17日，台风"弗洛"袭击日本，造成32人死亡。

10月23日，台风袭击越南，造成15人死亡。

11月14日，台风"迈克"袭击菲律宾，造成190人死亡。

1991年

4月30日，飓风袭击孟加拉国，造成至少13.1万人死亡。

6月20日至21日，台风"艾米"袭击中国，造成至少35人死亡。

8月18日至20日，飓风"鲍勃"袭击美国，造成16人死亡。

8月23日，台风"格拉迪斯"袭击韩国，造成72人死亡。

9月27日，台风"米蕾丽"袭击日本，造成45人死亡。

10月27日，台风"鲁思"袭击菲律宾，造成43人死亡。

12月6日至10日，台风"瓦尔"袭击西萨摩亚群岛，造成12人死亡。

1992年

8月23日至26日，飓风"安德鲁"袭击巴哈马群岛和美国，共造成38人死亡。这是美国历史上损失最惨重的一次飓风。

1993年

1月2日至3日，飓风"基那"袭击斐济，造成12人死亡。

6月6日至7日，飓风"加尔文"袭击墨西哥，造成28人死亡。

9月，台风"燕西"袭击日本，造成41人死亡。

11月23日，台风"凯尔"袭击越南，造成至少45人死亡。

12月，飓风袭击印度，造成47人死亡。

12月，具有飓风风力的强风在英国造成12人死亡。

12月25日至26日，台风"内尔"袭击菲律宾，造成至少47人死亡。

1994年

2月2日至4日，飓风"杰拉尔达"袭击马达加斯加，造成70人死亡，摧毁了塔马塔夫95%的建筑。

3月，飓风袭击莫桑比克，造成34人死亡。

5月2日，飓风袭击孟加拉国，造成233人死亡。

8月，台风袭击中国台湾，造成10人死亡。

8月20日至21日，台风"弗雷德"袭击中国，造成大约1 000人死亡。

10月23日，台风"特雷萨"袭击菲律宾，造成25人死亡。

11月，飓风袭击索马里，造成30人死亡。

1995年

6月，台风"费伊"袭击韩国，造成至少16人死亡。

9月4日至6日，飓风"路易斯"袭击波多黎各和美国的维尔京群岛，造成至少15人死亡。

9月14日，飓风"伊斯梅尔"袭击墨西哥，造成至少107人死亡。

9月15日至16日，飓风"玛里琳"袭击波多黎各和美国的维尔京群岛，造成9人死亡。

9月27日，飓风"奥帕尔"袭击危地马拉、墨西哥和美国，共造成63人死亡。

10月，飓风"罗克珊"袭击墨西哥，造成14人死亡。

11月3日，台风"安吉拉"袭击墨西哥，造成700多人死亡。

1996年

6月16日，飓风袭击印度，造成至少100人死亡。

7月8日，飓风"伯莎"袭击加勒比海和美国，造成至少7人死亡。

7月18日，台风"伊夫"袭击日本九州。

7月25日至26日，台风"格洛里亚"在菲律宾造成至少30人死亡，在中国台湾和中国大陆造成3人死亡。

7月31日,台风"芳草"袭击中国台湾,造成至少41人死亡。

8月14日至15日,台风"柯克"袭击日本本州。

9月1日,飓风"埃多亚德"袭击美国新泽西州,造成2人死亡。

9月6日,飓风"弗兰"袭击美国东南部,造成至少34人死亡。

9月10日,台风"萨利"袭击中国,造成130多人死亡。

9月22日,台风"紫罗兰"袭击日本,造成至少7人死亡。

9月,台风"威利"袭击中国海南岛,造成至少38人死亡。

9月28日,台风"赞恩"袭击中国台湾,造成2人死亡。

1997年

3月,飓风"加文"袭击斐济,造成至少26人死亡。

5月19日,飓风袭击孟加拉国,造成至少100人死亡。

8月,台风"维克托"袭击中国,造成49人死亡。

8月18日至19日,台风"温尼"在中国台湾造成至少37人死亡,在中国大陆造成至少140人死亡,在菲律宾造成16人死亡。

9月27日,飓风袭击孟加拉国,造成至少60人死亡。

10月8日至10日,飓风"波林"袭击墨西哥,造成217人死亡。

11月,飓风"马丁"袭击库克群岛,造成9人死亡。

11月,台风"琳达"袭击越南、柬埔寨和泰国,共造成484人死亡。

1998年

3月,飓风袭击印度,造成至少200人死亡。

5月22日,飓风袭击孟加拉国,造成至少25人死亡。

6月9日,飓风袭击日本,造成大约100人死亡。

8月,台风"雷克斯"在日本引起的洪水和山崩造成11人死亡。

9月21日至28日,飓风"乔治"袭击加勒比海和美国墨西哥沿岸,造成至少300人死亡。

10月,台风"泽波"袭击菲律宾、中国台湾和日本,造成至少111人死亡。

10月,飓风"米切"袭击中美洲,造成8 800多人死亡。

10月,台风"芭布斯"袭击菲律宾,造成至少132人死亡。

11月19日至23日,台风"道恩"袭击越南,造成100多人死亡。

1999年

5月至6月,飓风袭击巴基斯坦,造成128人死亡。

8月,台风"奥尔加"袭击菲律宾,造成111多人死亡。

9月,飓风"弗洛伊德"袭击美国东部,造成大约50人死亡。

9月24日,台风"巴特"袭击日本本州,造成至少26人死亡。

10月至11月,飓风袭击印度的奥里萨邦,造成9 463人死亡。

2000年

2月至3月,飓风"埃莱恩"袭击非洲南部。

8月23日,台风"比利斯"袭击越南,造成至少11人死亡。

9月1日,台风"玛丽亚"袭击中国,造成47人死亡。

11月1日至2日,台风"香莎妮"袭击中国台湾,造成至少58人死亡。

11月3日,台风"北冰卡"在菲律宾引起山崩和洪水,造成40人死亡。

2001年

6月23日至24日,台风"切比"袭击中国台湾和中国大陆,造成82人死亡。

7月,台风"尤特"袭击菲律宾以及中国台湾和中国大陆,造成大约145人死亡。

　　7月30日，台风"桃芝"袭击中国台湾，造成77人死亡。

　　9月16日至19日，台风"百合"袭击中国台湾，造成94人死亡。

　　10月8日至9日，飓风"艾瑞斯"袭击洪都拉斯首都伯利兹城，造成22人死亡。

热带气旋的名字

　　[如果某个热带气旋造成较大的影响，最受影响的国家可以请求世界气象组织把名字从列表中撤去，使得该名字在历史参考资料中明确地特指某个风暴，方便保险索赔和诉讼。一个名字一旦撤出列表，至少10年内不能再使用；同时替换上一个同一性别和同一语种（英语、法语、西班牙语）的名字。]

大西洋

2003	2004	2005	2006	2007	2008
安娜	阿勒丝	阿勒尼	阿尔伯土	阿力森	亚瑟
比尔	波尼	不拉特	伯勒	巴力	贝莎
克劳的特	查理	新地	克来丝	常特	克里斯特弗
丹尼	丹尼勒	登尼丝	得比	地呃	都利
阿卡	哦阿	艾米里	呃逆丝都	艾林	俄道特
法比安	法兰西丝	富兰克林	夫勒仁斯	菲里克丝	菲
格雷斯	嘎丝顿	格特	勾顿	嘎布理勒	古斯对乌

2003	2004	2005	2006	2007	2008
亨利	何迈	哈乌	黑伦	亨白托	哈拿
熠撒贝尔	唉宛	艾勒尼	艾萨克	艾瑞丝	埃克
娟	基讷	周滋	就斯	耶里	约瑟伐恩
凯特	卡尔	卡垂纳	科克	卡伦	基乐
拉里	莉萨	李	雷斯里	罗仑租	莉莉*
敏地	马苏	玛芮纳	米雪儿	米歇尔	马柯
尼科拉丝	尼克勒	雷特	纳定	诺额	娜娜
哦的特	奥托	欧飞亚	奥斯卡	欧嘎	欧马
皮特	咆拉	菲利皮	帕体	帕步勒	帕罗马
罗斯	理查德	莱塔	拉菲儿	热比卡	雷尼
萨姆	沙里	丝丹	桑地	塞巴斯迪恩	塞利
特若撒	汤姆丝	塔米	土尼	汤亚	泰第
维克多	付机尼	纹丝	瓦勒来	万恩	维基
万达	瓦尔特	维尔玛	威廉	温第	外尔弗瑞特

东北太平洋

2003	2004	2005	2006	2007	2008
安德斯	阿嘎萨	阿缀恩	阿雷塔	阿尔文	阿尔玛
布兰克	布拉斯	比尔缀斯	布得	芭芭拉	鲍里斯
卡洛斯	塞利亚	科尔文	卡勒塔	扣斯米	克里斯瑞纳
多勒日丝	达比	多拉	丹尼尔	丹里拉	道格拉斯

2003	2004	2005	2006	2007	2008
恩瑞克	埃斯特勒	欧葛尼	艾米利亚	恩里克	埃里达
费力夏	弗兰克	佛娜达	法比尔	弗勒希尔	佛斯多
贵勒莫	佐治亚特	格勒格	基尔马	基勒	基尼维尔维
海勒大	郝弗	西雷利	黑科特	亨瑞特	荷楠
埃格纳西尔	埃斯埃斯	爱里温	爱现亚娜	爱沃	埃斯勒
基门娜	贾维尔	佐瓦	约翰	朱丽亚特	朱里茨
开文	开依	肯尼斯	克里斯蒂	开柯	卡瑞纳
琳达	雷斯特	里第亚	雷尼	劳伦纳	罗维尔
玛梯	马德莱恩	麦克斯	麦里尔姆	麦纽尔	玛瑞
诺拉	牛顿	诺马	诺曼	娜达	诺伯特
欧拉夫	欧琳	欧提斯	欧里维亚	欧克特维	欧蒂勒
帕吹丝亚	佩尼	皮勒	保罗	普瑞特拉	保罗
里克	罗斯林	拉莫恩	罗萨	雷蒙德	拉切尔
沙恩查	赛木尔	塞尔马	瑟基欧	索尼亚	西蒙
特里	泰娜	托蒂	塔拉	蒂克	特鲁第
维维西恩	佛基尔	维勒尼卡	维森特	维尔马	万斯
瓦尔都	温妮弗雷德	威里	维拉	沃里斯	温妮
西娜	匝维尔	西娜	匝维尔	西娜	匝维尔
约克	约兰达	约克	约兰达	约克	约兰达
则尔达	则克	则尔达	则克	则尔达	则克

中北太平洋

（这些名字按照列表的顺序使用；用完一列名字的最后一个时，接着使用下一列名字，不管年份。）

List 1	List 2	List 3	List 4
阿科尼	阿卡	阿利卡	安娜
艾玛	埃克卡	埃莱	埃拉
哈娜	哈里	户克	哈洛拉
埃欧	埃欧拉纳	埃欧克	埃尤尼
克里	克欧尼	开卡	基莫
拉拉	李	拉纳	罗克
莫克	美克	马卡	马里亚
尼利	诺娜	内基	尼亚拉
欧卡	欧里瓦	欧雷卡	欧扣
佩克	帕卡	佩尼	帕里
尤雷克	乌帕纳	乌里亚	乌里卡
哇拉	韦尼	瓦里	瓦拉卡

西北太平洋

（共有5列。名字不按年份而按顺序使用。每行的名字由该区域的一个国家提供。）

国家	I	II	III	IV	V
柬埔寨	达维	康妮	娜基莉	科罗旺	沙莉嘉
中国	龙王	玉兔	风神	杜鹃	海马

国家	I	II	III	IV	V
朝鲜	鸿雁	桃芝	海鸥	鸣蝉	米雷
中国香港	启德	万宜	凤凰	彩云	马鞍
日本	天秤	天兔	北冕	巨爵	蝎虎
老挝	布拉万	帕布	巴蓬	凯萨娜	洛坦
中国澳门	珍珠	蝴蝶	黄蜂	芭玛	梅花
马来西亚	杰拉华	圣帕	鹿莎	茉莉	苗柏
密克罗尼西亚	艾云尼	菲特	森拉克	尼伯特	南玛都
菲律宾	碧利斯	丹娜丝	黑格比	卢碧	塔拉斯
韩国	格美	百合	蔷薇	苏特	奥鹿
泰国	派比安	韦帕	米克拉	妮妲	玫瑰
美国	玛莉亚	范斯高	海高斯	奥麦斯	洛克
越南	桑美	利奇马	巴威	康森	桑卡
柬埔寨	宝霞	罗莎	美莎克	灿都	纳沙
中国	悟空	海燕	海神	电母	海棠
朝鲜	清松	杨柳	凤仙	蒲公英	尼格
中国香港	珊珊	玲玲	欣欣	婷婷	榕树
日本	摩羯	剑鱼	鲸鱼	圆规	天鹰
老挝	象神	法茜	灿鸿	南川	麦莎
中国澳门	贝碧嘉	画眉	莲花	玛瑙	珊瑚
马来西亚	温比亚	塔巴	浪卡	莫兰蒂	玛娃
密克罗尼西亚	苏力	米娜	苏迪罗	云娜	古超

国家	I	II	III	IV	V
菲律宾	西马仑	海贝思	伊布都	马勒卡	泰利
韩国	飞燕	浣熊	天鹅	鲇鱼	彩蝶
泰国	榴莲	威马逊	翰文	暹芭	卡努
美国	尤特	查特安	艾涛	库都	韦森特
越南	潭美	夏波	环高	桑达	苏拉

西澳大利亚

（对所有的澳大利亚风暴按序使用这些名字，全部用完后再从头开始。）

阿德莱恩	阿里森	亚里克斯
伯提	比利	贝斯
克莱尔	卡斯	克莱斯
黛尔瑞	戴米厄恩	蒂安妮
埃玛	埃雷恩	埃罗尔
弗洛伊德	弗洛德里克	方尔纳
葛兰达	古文达	格兰汗姆
胡伯特	哈密石	哈里亚特
埃叟贝尔	埃尔萨	埃尼格
雅克比	约翰	贾纳
克斯蒂	基里利	肯
李	里恩	琳达
梅雷尼	玛西亚	莫恩梯

尼克拉斯	诺曼	尼克
欧非里亚	欧尔嘎	奥斯卡
帕恩克	保勒	缶比
罗恩达	罗斯塔	雷蒙德
寒温	萨姆	萨里
泰佛尼	塔林	梯姆
维克多	文森特	维维尔尼
则里亚	瓦尔特	维里

东澳大利亚

阿费的	安恩	阿比盖勒
布兰赤	布鲁斯	博尼
查里斯	塞斯里	克劳蒂亚
登尼斯	丹尼斯	得斯
厄尼	埃德纳	埃瑞卡
弗兰瑟斯	佛格斯	弗里兹
格勒格	基里尔恩	格雷斯
喜尔达	哈罗德	哈维
埃万	埃塔	因格雷得
乔尔斯	加斯定	吉姆
开尔文	卡垂纳	凯特
里萨	雷斯	拉瑞
马柯斯	梅	莫尼卡

诺拉	纳萨恩	尼勒桑
欧文	欧琳达	欧蒂特
保里	皮特	皮尔瑞
罗切斯特	罗纳	雷比卡
莎特	沙地	斯蒂弗
塞尔多	特斯	塔尼亚
维里梯	沃汗恩	佛农
瓦勒斯	外尔瓦	温蒂

北澳大利亚

阿美里亚	阿里斯带尔
步如诺	博尼
阔尼	克莱格
多米尼克	戴比
埃斯瑟	埃方
佛德南得	费
格雷特	佐治亚
海克特	海伦
贾森	亚斯迈恩
埃玛	埃拉
可依	基姆
劳伦斯	劳拉
玛里亚恩	马特

内维尔	那雷勒
哦里乌	欧斯瓦尔德
菲尔	佩尼
拉切尔	拉塞尔
席得	沙查
塞玛	特沃
万斯	瓦雷里亚
文桑姆	沃维克

斐济

（A列到D列不分年份按序使用。E列是备用替换的名字，需要的时候使用。）

A	B	C	D	E
阿米	亚瑟	阿图	阿兰	阿莫斯
贝尼	比基	伯比	巴特	布尼
斯拉	克里弗	塞利	寇拉	克莱斯
都维	丹蒙	追娜	丹尼	达弗尼
埃瑟塔	埃里萨	埃万恩	埃拉	埃瓦
菲里	弗纳	弗雷达	弗兰克	
吉纳	基尼	嘎文	基塔	
黑塔	黑提	海伦斯	哈里	
艾卫	埃尼斯	埃恩	埃里斯	
朱蒂	约尼	军恩	乔	
凯瑞	肯	克利	吉姆	

A	B	C	D	E
娄拉	林恩	鲁斯	里欧	
米娜	麦友	马丁	莫纳	
南茜	尼沙	努特	内勒	
欧拉弗	欧里	欧斯依	欧玛	
皮尔斯	帕特	帕姆	保拉	
瑞	瑞尼	柔恩	瑞塔	
希拉	莎拉	苏珊	萨姆	
塔姆	汤姆斯	图依	特瑞纳	
乌米尔	尤莎	乌苏拉	尤卡	
外阿努	瓦尼亚	维里	维基依	
瓦提	维尔玛	维斯	瓦尔特	
雅尼	亚斯	亚里	尤兰得	
慈塔	查卡	组曼恩	佐依	

巴布亚新几内亚

（按顺序使用各列。）

A	B
埃皮	阿布达
基尤巴	埃茂
埃拉	基尤勒
卡玛	埃勾
马特瑞	卡米特
落维	泰欧勾
塔口	尤米
乌皮亚	

国际单位及单位转换

<table>
<tr><th colspan="2">单位名称</th><th>位量的名称</th><th>单位符号</th><th>转换关系</th></tr>
<tr><td rowspan="7">基本单位</td><td>米</td><td>长度</td><td>m</td><td>1 米=3.280 8 英尺</td></tr>
<tr><td>千克(公斤)</td><td>质量</td><td>kg</td><td>1 千克=2.205 磅</td></tr>
<tr><td>秒</td><td>时间</td><td>s</td><td></td></tr>
<tr><td>安培</td><td>电流</td><td>A</td><td></td></tr>
<tr><td>开尔文</td><td>热力学温度</td><td>K</td><td>1 K=1℃ =1.8°F</td></tr>
<tr><td>坎德拉</td><td>发光强度</td><td>cd</td><td></td></tr>
<tr><td>摩尔</td><td>物质的量</td><td>mol</td><td></td></tr>
<tr><td rowspan="14">辅助单位</td><td>弧度</td><td>平面角</td><td>rad</td><td>$\pi/2$rad=90°</td></tr>
<tr><td>球面度</td><td>立体角</td><td>sr</td><td></td></tr>
<tr><td>库仑</td><td>电荷量</td><td>C</td><td></td></tr>
<tr><td>立方米</td><td>体积</td><td>m^3</td><td>1 米^3=1.308 码^3</td></tr>
<tr><td>法拉</td><td>电容</td><td>F</td><td></td></tr>
<tr><td>亨利</td><td>电感</td><td>H</td><td></td></tr>
<tr><td>赫兹</td><td>频率</td><td>Hz</td><td></td></tr>
<tr><td>焦耳</td><td>能量</td><td>J</td><td>1 焦耳=0.238 9 卡路里</td></tr>
<tr><td>千克每立方米</td><td>密度</td><td>kg·m^{-3}</td><td>1 千克/立方米=0.062 4 磅/立方英尺</td></tr>
<tr><td>流明</td><td>光通量</td><td>lm</td><td></td></tr>
<tr><td>勒克斯</td><td>光照度</td><td>lx</td><td></td></tr>
<tr><td rowspan="4">导出单位</td><td>米每秒</td><td>速度</td><td>m·s^{-1}</td><td>1 米/秒=3.281 英尺/秒</td></tr>
<tr><td>米每二次方秒</td><td>加速度</td><td>m·s^{-2}</td><td></td></tr>
<tr><td>摩尔每立方米</td><td>浓度</td><td>mol·m^{-3}</td><td></td></tr>
<tr><td>牛顿</td><td>力</td><td>N</td><td>1 牛顿=7.218 磅力</td></tr>
</table>

续 表

单位名称		位量的名称	单位符号	转换关系
导出单位	欧姆	电阻	Ω	
	帕斯卡	气压	Pa	1帕=0.145磅/平方英寸
	弧度每秒	角速度	$rad \cdot s^{-1}$	
	弧度每二次方秒	角加速度	$rad \cdot s^{-2}$	
	平方米	面积	m^2	1米^2=1.196码^2
	特斯拉	磁通量密度	T	
	伏特	电动势	V	
	瓦特	功率	W	1 W=3.412 $Btu \cdot h^{-1}$
	韦伯	磁通量	Wb	
	弧度每秒	角速度	$rad \cdot s^{-1}$	
	弧度每二次方秒	角加速度	$rad \cdot s^{-2}$	
	平方米	面积	m^2	1米^2=1.196码^2
	特斯拉	磁通量密度	T	
	伏特	电动势	V	
	瓦特	功率	W	1 W=3.412 $Btu \cdot h^{-1}$
	韦伯	磁通量	Wb	

国际单位制使用的前缀（放在国际单位的前面从而改变其量值）

前　缀	代　码	量　值
阿托	a	$\times 10^{-18}$
费托	f	$\times 10^{-15}$
区高	p	$\times 10^{-12}$
纳若	n	$\times 10^{-9}$
马高	μ	$\times 10^{-6}$
米厘	m	$\times 10^{-3}$
仙特	c	$\times 10^{-2}$
德西	d	$\times 10^{-1}$
德卡	da	$\times 10$
海柯	h	$\times 10^{2}$
基罗	k	$\times 10^{3}$
迈伽	M	$\times 10^{6}$
吉伽	G	$\times 10^{9}$
泰拉	T	$\times 10^{12}$

参考书目及扩展阅读书目

"Airship." Available on-line. URL: http: //spot.colorado. edu/~dziadeck/airship/html. Updated February 4, 2002.

Alex, Christine. "NWR Receiver Consumer Information." National Weather Service. Available on-line.URL: http: //205.156.54.206/nwr/ nwrrcvr.htm.Modified October 7, 2002.

Allaby, Michael. *A Chronology of Weather*. New York: Facts On File, 1998.

—— *Elements: Air.* New York: Facts On File, 1992.

—— *Elements: Water.* New York: Facts On File, 1992.

—— *Encyclopedia of Weather and Climate.* 2 vols. New York: Facts On File, 2001. ·

—— *The Facts On File Weather and Climate Handbook.* New York: Facts On File, 2002.

Ayscue, Jon K. "Hurricane Damage to Residential Structures: Risk and Mitigation, Natural Hazards Research Working Paper #4." University of the Colorado. Available on-line. URL: http: //www.

colorado.edu/hazards/wp/wp94/wp94.html. Accessed November 2002.

Barry, Roger G., and Richard J. Chorley, *Atmosphere, Weather and Climate.* 7th ed. New York: Routledge, 1998.

"The Beaufort Scale." Available on-line. URL: http: //www.met-office.gov.uk/education/historic/beaufort.html. Accessed November 2, 2002.

"Beaufort Wind Scale." Available on-line, URL: http: //www. psych.usyd.edu.au/ vbb/woronora/maritime/beaufort/html. Accessed November 2, 2002.

"Bernoulli's Principle." Available on-line. URL: http: //www. mste.uiuc.edu/davea/aviation/bernoulliPrinciple.html. Accessed November 2, 2002.

Cane, H. "Hurricane Alley." Available on-line. URL: http: // www.hurricanealley.net/.Accessed November 2, 2002.

Capella, Chris. "Dance of the Storms: The Fujiwhara Effect." Available on-line. URL: http: //www.usatoday.com/weather/wfujiwha/ htm. January 6, 1999.

Danish Wind Industry Association. "Aerodynamics of Wind Turbines: Stall and Drag." Available on-line. URL: http: //www. windpower.dk/tour/wtrb/stall.htm. Updated August 6, 2002.

"Early Warning Saves Grief and Money." World Meteorological Organization. Available on-line. URL: http: //www.wmo.ch/web/Press/ warning.html. Accessed November 2, 2002.

"European Storms Kill 136 people." Available on-line. URL:

http: //europe.cnn.com/1999/WORLD/europe/12/30/europe.storms.01/. Posted December 30, 1999.

Fink, Micah. "Extratropical Storms." Available on-line. URL: http: //www.pbs.org/wnet/savageplanet/02storms/01extratropical/ indexmid.html. Accessed November 2002.

"Food Safety in Hurricanes and Floods." Clemson University Cooperative Extension Service. Available on-line. URL: http: //hgic. clemson.edu/factsheets/ HGIC3800.htm. Revised December 1999.

Gjevik, Bjorn, Halvard Moe, and Atle Ommundsen. "The Lofoten Maelstrom." Available on-line. URL: http: //www.math.uio.no/ maelstrom/. Accessed November 2, 2002.

Grossman, Daniel J. "Airship: DJ's Zeppelin Page." Available on-line. URL: http: //www.airships.net/index.shtml. Accessed November 2, 2002.

Guiney, John L., and Miles B. Lawrence. "Preliminary Report: Hurricane Mitch 22 October–05 November 1998." National Hurricane Center. Available on-line. URL: http: //www.nhc.noaa.gov/1998mitch. html. Posted January 28, 1999.

"Gulf of Corryvreckan—Legends and Facts." Available on-line. URL: http: //www.gemini-crinan.co.uk/corryvreckan.html. Accessed November 2, 2002.

Haby, Jeff. "Calculation of Earth, Shear and Curvature Vorticity." Available on-line. URL: http: //www.thewetherprediction.com/ habyhints/194/. Accessed November 2, 2002.

Hamblyn, Richard. *The Invention of Clouds*. New York: Farrar, Straus, and Giroux, 2001.

Heidorn, Keith C. "Luke Howard." Available on-line. URL: http: //www.islandnet. com/ ~ see/weather/history/howard.htm. Posted May 1, 1999.

Helfferich, Carla. "Beautfort's Scale." University of Alaska, Fairbanks. Available on-line. URL: http: //www.gi.alaska.edu/ ScienceForum/ASF9/911.html. February 2, 1989.

Henderson-Sellers, Ann, and Peter J. Robinson. *Contemporary Climatology*. Harlow, UK: Longman, 1986.

Herring, David, and Robert Kannenberg. "The Mystery of the Missing Carbon." NASA Earth Observatory. Available on-line. URL: http: //earthobservatory.nasa.gov/Study/BOREASCarbon/. Accessed November 2, 2002.

Houghton, J. T., et al. *Climate change 2001: The Scientific Basis*. Cambridge, UK.: Cambridge University Press, 2001.

"How Hurricanes Do Their Damage." Available on-line. URL: http: //hpccsun.unl.edu/nebraska/damage.html. Accessed November 2, 2002.

"Hurricane." American Red Cross. Available on-line. URL: http: //www.redcross.org/services/disaster/keepsafe/readyhurricane.html. Accessed November 2, 2002.

"Hurricane Gilbert." Available on-line. URL: http: //www.csc. noaa.gov/ crs/cohab/hurricane/gilbert/gilbert.htm. Accessed November

2, 2002.

"Hurricane Mitch Reports from the Disaster Center." Available on-line. URL: http: //www.disastercenter.com/hurricmr.htm. Accessed November 1, 2002.

"Hurricane Mitch Special Coverage." Available on-line. URL: http: //www.osei.noaa.gov/mitch.html. Accessed November 1, 2002.

Hurricanes 2001. Available on-line. URL: http: //www. hurricanes2000.com/ Summary01. html. Accessed November 1, 2002.

"International Cloud Atlas." Available on-line. URL: http: // www.wmo.ch/ web/catalogue/New%20HTML/frame/engfil/407.html. Accessed November 2, 2002.

"*JOIDES Resolution*: Ocean Drilling Program Drill Ship." Available on-line. URL: http: //www-odp.tamu.edu/resolutn.html. Modified July 22, 2002.

"Jonathan Dickinson Shipwreck." USGen Web Project and FLGen Web Project. Available on-line. URL: http: //www.rootsweb. com/~findian/jondick.htm. Updated November 28, 1999.

"Jonathan Dickinson State park." Available on-line. URL: http: //www.onala.com/Parks/State/dickenson.html. Accessed November 2, 2002.

Kermann, Jochen. "Tropical Cyclone Ando." Available on-line. URL: http: //www.eumetsat.de/en/area2/image/may2001/page007. html. Posted May 14, 2001.

Knauss, John A. *Introduction to physical Oceanography.* 2d ed.

Upper Saddle River, N.J.: Prentice Hall, 1997.

Landsea, Christopher W. "FAQ: Hurricanes, Typhoons, and Tropical Cyclones; Part B: Tropical Cyclone Names." Atlantic Oceanic and Meteorological Laboratory. Available on-line. URL: http: //www. aoml.noaa.gov/hrd/tcfaq/tcfaqB.html. Posted October 16, 2002.

Lawrence, Miles B, and Michelle M. Mainelli. "Tropical Cyclone Report: Hurricane Juliette, 21 September–3 October, 2001." National Hurricane Center. Available on-line. URL: http: //www.nhc.noaa. gov/2001juliette.html. Posted November 30, 2001.

Lutgens,Frederick K.,and Edward J. Tarbuck. *The Atmosphere* 7th ed. Upper Saddle River., N.J.: Prentice Hall, 1998.

McIlveen, Robin. *Fundamentals of Weather and Climate.* London: Chapman & Hall, 1992.

Maher, Brian, and Jack Beven. "Hurricane Gilbert." Available on-line. URL: http: //www.nhc.noaa.gov/1988gilbert.html. Accessed November 2002.

Michaels, Patrick J. "Carbon Dioxide: A Satanic Gas?" Testimony to the Sub-committee on National Economic Growth, Natural Resources and Regulatory Affairs, U.S. House of Representatives. Available on-line. URL: http: //www.cato.org/testimony/ct-pm100699.html. Accessed November 2, 2002.

Michaels, Patrick J., and Robert C. Dalling, Jr. *The Satanic Gases: Clearing the Air About Global Warming.* Washington, D.C.: Cato Institute, 2000.

"Names of Notable Hurricanes Are Retired." *USA Today.* Available on-line. URL: http: //www. usatoday.com/weather/whretire. htm. October 17, 2001.

National Oceanic and Atmospheric Administration. "Hurricane Mitch Special Coverage." Available on-line. URL: http: //www.osei. noaa.gov/mitch.html. Accessed November 2002.

"Natural Disaster Survey Report: Hurricane Marilyn September 15–16, 1995." National Weather Service, National Oceanic and Atmospheric Administration. Available on-line. URL: http: //www. nws.noaa.gov/service_assessments/marilyn.pdf. Posted January 1996.

"1935 Labor Day Hurricane." Storms of the Century. Available on-line. URL: http: //www.weather.com/newscenter/specialreports/ sotc/storm1/page2.html. Accessed November 2, 2002.

"NOAA Weather Radio." National Weather Service. Available on-line. URL: http: //205.156.54.206/nwr/.Modified October 24, 2002.

Oliver, John E., and John J. Hidore *Climatology: An Atmospheric Science.* 2d ed. Upper Saddle River, N.J.: Prentice Hall, 2002.

Padgett, Gary. "A Review of the 2000 Tropical Cyclone Season." Available on-line. URL: http: //australiasevereweather.com/ cyclones/2001/summ2000.txt, and http: //australiasevereweather.com/ cyclones/2001/summ2000–2001.txt. Accessed November 1, 2002.

Rekenthaler, Doug. "The Storm That Changed America: The

Galveston Hurricane of 1900." DisasterRelief.org. Available on-line. URL: http//www.disasterrelief.org/Disasters/980813Galveston/. Posted August 15, 1998.

Rockett, Paul, and Mark Saunders. "June Forecast Update for Northwest Pacific Typhoon Activity in 2002." Available on-line. URL: http//firecast.mssl.ucl.ac.uk/for_typh.html. Posted June 7, 2002.

Rockett, Paul, and Mark Saunders, and Frank Roberts. "Summary of 2001 NW Pacific Typhoon Season and Verification of Authors' Seasonal Forecasts." Available on-line. URL: http//forecast.mssl.ucl. ac.uk/docs/TSRNWP2001Verification.pdf. Posted January 25, 2002.

Schlatter, Thomas. "Vexing Vorticity." Available on-line. URL: http//www.weatherwise.org/qr/qry.vort.html. Accessed November 2, 2002.

"Scientists: Future Atlantic Hurricane Picture Is Highly Complex." NASA Earth Observatory. Available on-line. URL: http// earthobservatory. nasa.gov/Newsroom/MediaAlerts/2001/200109205219.html. September 20. 2001.

Spindler, Todd. "The 2001 Atlantic Hurricane Season." National Hurricane Center. Available on-line. URL: http//www.nhc.noaa. gov/2001.html. Updated January 23, 2002.

"Storm Prediction Based on Human Experience, Sophisticated Machines." *USA Today*. Available on-line. URL: http//www.usatoday. com/weather/hurricane/1999/atlantic/wfnhc.htm. Posted September 15, 1999.

"Tropical Cyclone 'Ando' in the Indian Ocean." Available on-line. URL: http//www.eumetsat.de/en/area5/special/cyclone_06012001.html. Accessed November 2, 2002.

"Up Close and Personal with Hurricanes." *USA Today.* Available on-line. URL: http//www.usatoday.com/weather/wac1.htm. Posted June 16, 1999.

U.S Geological Survey. "USGS Hurricane Mitch Program Hurricane Overview." Available on-line. URL: http//mitchntsl.cr.usgs.gov/overview.html. Updated November 1, 2002.

"What is ODP?" Available on-line. URL: http//www.oceandrilling.org/ODP/ODP.html. Revised June 14, 2000.

Wheeler, Dave. "The Beaufort Wind Scale." Available on-line. URL: http//www.zatnet.co.uk/sigs/weather/Met_Codes/beaufort.htm. Updated January 9, 1999.

World Meteorological Organization. Available on-line. URL: http//www.wmo.ch/homeframe.heml. Accessed November 2, 2002.